本书获得2016年度高校示范马克思主义学院和优秀教学科研团队项目（重点选题）
“思想政治理论课专题式教学设计与研究”（项目批准号16JDSZK012）资助。

绿梦成真

Green Dreams Become Reality

——中国特色社会主义生态文明建设之长汀模式

石红梅　主编

厦门大学出版社
XIAMEN UNIVERSITY PRESS
国家一级出版社
全国百佳图书出版单位

图书在版编目(CIP)数据

绿梦成真:中国特色社会主义生态文明建设之长汀模式/石红梅主编.—厦门:厦门大学出版社,2021.12
ISBN 978-7-5615-7400-3

Ⅰ.①绿… Ⅱ.①石… Ⅲ.①生态环境建设—研究—长汀 Ⅳ.①X321.257.4

中国版本图书馆 CIP 数据核字(2021)第 252312 号

出 版 人 郑文礼
责任编辑 高 健

出版发行 厦门大学出版社
社 址 厦门市软件园二期望海路 39 号
邮政编码 361008
总 机 0592-2181111 0592-2181406(传真)
营销中心 0592-2184458 0592-2181365
网 址 http://www.xmupress.com
邮 箱 xmup@xmupress.com
印 刷 厦门市金凯龙印刷有限公司

开本 720 mm×1 000 mm 1/16
印张 13
插页 1
字数 200 千字
版次 2021 年 12 月第 1 版
印次 2021 年 12 月第 1 次印刷
定价 69.00 元

本书如有印装质量问题请直接寄承印厂调换

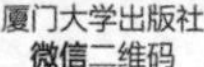

厦门大学出版社
微信二维码

厦门大学出版社
微博二维码

前　言

宇宙只有一个地球，人类共有一个家园，保护自然环境就是保护人类，建设生态文明就是造福人类。我国历来重视生态文明建设，在历史上积累了宝贵的经验。党的十八大以来，以习近平同志为核心的党中央顺应人类文明发展大趋势，把生态文明建设作为统筹推进“五位一体”总体布局和协调推进“四个全面”战略布局的重要内容，提出一系列新理念新思想新战略，深刻回答了为什么建设生态文明、建设什么样的生态文明、怎样建设生态文明等重大问题，形成了习近平生态文明思想，开辟了人与自然和谐共生的新境界，为全球环境治理、构建人类命运共同体提供了中国方案，也为各地区的生态文明建设提供了根本遵循，增添了前进动力。

在思想政治理论课教学中，我们采用了专题式教学，在讲述“毛泽东思想和中国特色社会主义理论体系概论”课时，对于建设美丽中国这一节的讲述，力求讲清楚讲明白为什么、是什么、怎么做三个问题。带着服务于专题教学的目的，我们教学团队在四年时间里对相关的议题进行了专门的研究，其中就包括建设中国特色社会主义生态文明议题的研究。这项研究以全国的生态文明建设为背景，选择福建省长汀县为案例，进行了为期四年的调研、走访与跟踪，形成了我们对生态文明的基本认识，这些素材反哺到教学中，收到了良好的效果，也在专题讨论和实践调研中做到了师生共长,不仅夯实了青年学生专题学习基本功,也让青年大学生真切地了解到中国县域、乡镇村的具体实际,坚定了青年大学生的责任担当与不负使命的理想信念。

本书在总体陈述中国特色社会主义生态文明建设的背景、历程和成效以及理论和实践探索的基础上,以福建长汀为样本对中国特色社会主义生态文明进行了深刻透彻的分析,翔实的资料、具体的规划和实际的做法及相关经验和启示在书中呈现,相信对理解中国特色社会主义生态文明议题具有重要作用,可作为教师教学和学生学习的参考资料。

目 录

第二部分　长汀县生态文明建设概述

第三部分　长汀县三镇生态文明建设概述

绪 论

自然是人类及人类社会存在的家园，人类行为只有遵循和顺应自然规律才有效，从这个意义上说，人类、人类社会与自然是共同体。生态文明追求人、自然、社会和谐发展，建设生态文明，是关系人民福祉、关乎民族未来的长远大计。党的十八大指出，要“把生态文明建设放在突出地位，融入经济建设、政治建设、文化建设、社会建设各方面和全过程，努力建设美丽中国，实现中华民族永续发展”。党的十九大把“坚持人与自然和谐共生”作为新时代坚持和发展中国特色社会主义基本方略的重要组成部分，号召“为把我国建设成为富强民主文明和谐美丽的社会主义现代化强国而奋斗”，表明了我们党持之以恒推进美丽中国建设、建设人与自然和谐共生的现代化、为全球生态安全做出新贡献的坚定意志和坚强决心。

第一节　研究背景

20 世纪 70 年代，随着各种全球性问题的加剧以及“能源危机”的冲击，在世界范围内开始了关于“增长的极限”①的讨论，各种环保运动逐渐

---

① 《增长的极限》一书是由一个名为“罗马俱乐部”的智库策划的。其中的研究人员主要来自美国麻省理工学院，包括德内拉·梅多斯(Donella Meadows)以及丹尼斯·梅多斯(Dennis Meadows)，他们共同开发了一款名为“World 3”的计算机模型，用于追踪世界经济与环境的变化，研究组计划对全球的工业化、人口、食物、资源使用以及污染状况等方面进行追踪。他们在模拟计算中所使用的数据最晚截至 1970 年，随后设计了一系列不同的情景，一直向前模拟到 2100 年，不同情景之间的差异就取决于人类是否认真对待环境与资源方面面临的问题。该书预言，如果人类未能认真采取应对行动，那么人类文明将在 2070 年之前面临经济、环境以及人口的全面失控和崩溃。

兴起。1972年联合国首次召开人类环境会议,1992年联合国环境与发展大会、2002年可持续发展世界首脑会议以及2012年的联合国可持续发展大会,标志着人类对生态环境问题的认识不断深化和拓展。当今世界,生态文明建设已成为时代潮流。

改革开放以来,随着我国工业化进程的加快,资源环境制约经济发展和环境状况总体恶化成为当今我国经济和社会发展中的重大问题。我们党清醒把握这一发展趋势,深刻反思我国传统工业文明发展模式的不足。十八大报告明确提出:到2020年,资源节约型、环境友好型社会建设取得重大进展。主体功能区布局基本形成,资源循环利用体系初步建立。单位国内生产总值能源消耗和二氧化碳排放大幅下降,主要污染物排放总量显著减少。森林覆盖率提高,生态系统稳定性增强,人居环境明显改善。

生态文明建设的目标令人振奋,然而现实的生态环境问题却非常棘手。据环保部2014年6月4日发布《2013年中国环境状况公报》,全国环境质量状况有所改善,但生态环境保护形势依然严峻,最受公众关注的大气、水、土壤污染状况依然令人忧虑。依据新的《环境空气质量标准》进行评价,74个新标准实施第一阶段城市环境空气质量达标率仅为4.1%,华北不少城市常年被雾霾笼罩。水质情况也不容乐观,对长江、黄河、珠江等十大水系的断面监测显示,黄河、松花江、淮河和辽河水质轻度污染,海河为中度污染,而27.8%的湖泊(水库)呈富营养状态。在四大海区中,只有黄海和南海海域水质良好,渤海近岸海域水质一般,东海近岸海域水质极差。9个重要海湾中,辽东湾、渤海湾和胶州湾水质差,长江口、杭州湾、闽江口和珠江口水质极差。中国还面临着严重的土地退化问题。2013年全国净减少耕地8.02万公顷,有30.7%的国土遭到了侵蚀。由此可见,全国整体的生态环境问题依然面临严峻挑战,也势必关系到经济社会发展的全局。正如时任环境保护部部长周生贤说:“我们必须从对子孙后代生存发展负责的高度,唤起对保护资源环境的高度自觉和警醒;我们决不能走西方发达国家‘先发展经济,后治理环境’的老路,而要积极探索中国环保新道路,以环境保护优化经济发展。”

生态文明建设是关乎人民福祉、关乎民族未来的根本大业,是实现中华民族伟大复兴中国梦的重要内容。实现中华民族伟大复兴的中国梦，离不开经济的繁荣、政治的民主、社会的和谐、精神的文明，更离不开良好的生态环境。习近平同志指出，良好的生态环境是人和社会持续发展的根本基础。随着社会发展，经济实力的提升，人民群众不再只要腰包，更要健康。“蓝天白云、绿水青山”的期盼越来越迫切。我们只有大力推进生态文明建设，才能让人民群众的美好期盼成为现实，才能真正实现中华民族伟大复兴的中国梦。

正是站在这样一种时代高度，党的十八大首次把大力推进生态文明建设独立成章，科学回答了今后一段时期我国生态文明建设的基本思路、基本要求、基本任务等一系列重要问题。党的十八大报告提出，“必须树立尊重自然、顺应自然、保护自然的生态文明理念”，“坚持节约资源和保护环境的基本国策，坚持节约优先、保护优先、自然恢复为主的方针”，“更加自觉地珍爱自然，更加积极地保护生态，努力走向社会主义生态文明新时代”，从而将生态文明作为延续人类发展的必然选择。

对于生态文明建设，我国目前面临的最大实际就是处在并将长期处在社会主义初级阶段。但我国的生态文明建设，在不断探索、遵循科学发展规律基础上，着力推进绿色发展、循环发展、低碳发展，形成节约资源和保护环境的空间格局、产业结构、生产方式、生活方式，从源头上扭转生态环境恶化趋势，为人民创造良好的生产生活环境，为全球生态安全做出贡献。目前，绿水青山行动已在全国范围内铺开实践，也正在形成有中国特色的生态文明建设新模式。

那么，进入新时代，我国生态文明建设的现状究竟是个什么样态？目前面临着哪些重要的问题，针对生态文明建设中的理论和实践，从国家、基层单位层面我们有哪些思考？我们有哪些对策？福建省作为习近平同志工作和战斗过的主要地方，生态文明建设在县级及乡镇一级的地区有哪些经验可供借鉴，中国的生态文明建设是否可以走出一条属于自己特色的道路？这是本书研究的背景和主要想回答的问题。

第二节 研究内容及框架

本书分三个层面探讨中国特色社会主义生态文明建设模式的议题:在全国层面概述中国生态文明建设的现状、问题和对策;在概要了解国家层面生态文明建设的情况后,选取20世纪末21世纪初习近平同志在福建工作时花大气力进行生态文明建设的长汀县,在县级层面重点考察生态文明建设的地区层面的做法和经验;对长汀县三个镇的生态文明建设进行研究和分析。本书研究循着宏观与微观、整体与个别、普遍与特殊相结合的线索呈现中国特色社会主义生态文明建设的现状、历程、做法和经验,以期为生态文明的中国模式和道路提供借鉴和思考。

本书分绪论和三大部分,绪论主要介绍本书的研究背景、研究内容、研究框架、研究目的、研究意义以及研究方法。第一部分中国特色社会主义生态文明建设概述。从国家的层面介绍目前中国生态文明建设的背景、现状、问题以及对策和建议。第二部分我们以福建省长汀为例,概述长汀的生态文明建设情况。我们根据长汀县的总体情况对生态文明建设在县级层面的推进进行概述,包括现状、问题和对策思考。第三部分我们对长汀三镇的生态文明建设情况进行调查和分析,从镇级层面看生态文明的总体状况、面临的问题以及一些在实践过程中的做法和建议(见图0-1)。特别值得一提的是,本书研究涉及生态文明建设的长汀县部分和长汀三镇的部分都是建立在大量的调研和访谈资料的基础上的,这些宝贵的素材对于中国生态文明建设的推进具有一定的参考价值。本书遵循着生态环境概况、生态文明建设历程、生态文明建设的主要工作和经验、生态文明建设存在的困难和挑战、生态文明建设的政策建议这样的线索进行。

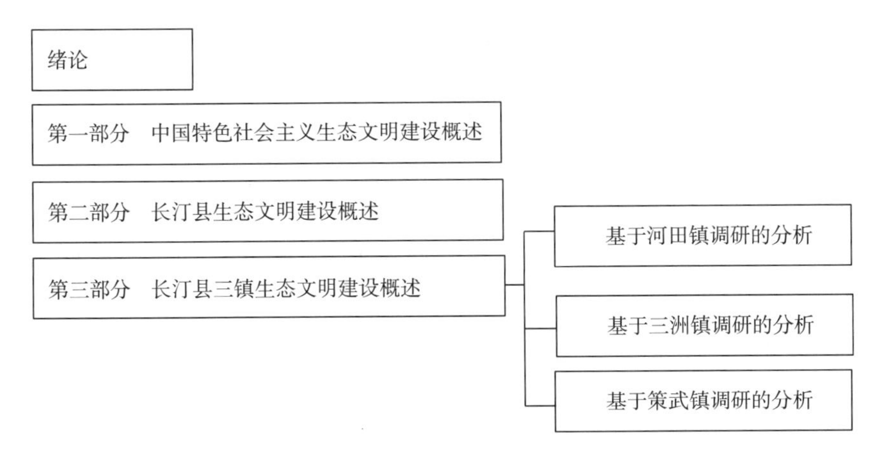

图 0-1　研究内容和框架

第三节　调研情况

本书关于长汀县和长汀三镇的生态文明建设情况，我们采用了大量的持续的调研形成了若干的思考。下面对于调研的情况做一些说明。

调研组织：2014 年 7 月—2018 年 7 月，本研究结合思想政治理论课实践教学和短学期开设的“社会调查”课程所提供的机会，在厦门大学党委党校、厦门大学团委和马克思主义学院共同组织下，先后三次组织了 100 多名师生(包括本科生、硕士研究生和博士研究生)，对长汀县生态文明建设情况进行实地调研。调查范围覆盖长汀县县城、河田镇、策武镇、三洲镇，调研过程中以 4 人分队为单位，出发前对各调研员进行了培训，以确保调研的质量。

调研对象：调研紧紧围绕着“中国特色社会主义生态文明建设之长汀模式”了解长汀在生态文明建设的历程，总结长汀生态文明建设的经验和面临的困难，进一步发现长汀模式是如何形成并发挥作用的，围绕调研主题，我们确定的调研对象主要有以下几类：

一是长汀县和河田镇、三洲镇、策武镇的政府和相关部门的领导。根据生态文明建设工作所涉及的相关单位，我们走访了长汀县县政府、县府办、农业局、林业局、科技局、水土保持局、人力资源与社会保障局、信用联社、农业综合开发办公室、老区与扶贫办等县级单位，在乡镇主要走访了河田镇、三洲镇和策武镇的镇政府以及策武镇的农业站、林业站。

二是县城和乡镇的工业、农业、林业等产业的示范点及相关负责人。在县城,我们调研了5个企业,分别是盼盼集团、荣耀集团、海华纺织有限公司、安踏集团、金龙稀土区;在河田镇调研了晋江(长汀)工业园区管委会的企业,主要高端纺织和针织以及食品等轻工业,如采访了福建力源科技有限公司行政部赖经理、金怡丰化纤公司陈董事长和总经理、南祥针织厂厂区负责人孙经理、泰城针织厂总经理李瑞杰等工业的负责人以及露湖千亩板栗园、鲜切花基地、森辉农牧有限公司的董事长赖友辉等;在三洲镇主要走访了湿地公园、万亩杨梅基地等农业示范点。

三是典型村的村干部和普通村民。在河田镇主要走访了下街村村委会、新农村建设示范点露湖新村;三洲镇主要走访了小溪头村、桐坝村、三洲村;策武镇主要是林田村、红河村、南坑村和策星村。

四是典型人物。在县城主要走访了林业局科技推广中心主任、林政股股长范小明;在河田镇主要走访了千亩板栗园的被称为"巾帼英雄"的赖金养、种粮大户陈幕龙;三洲镇主要是走访了黄金养、杨梅种植大户戴华腾、"铁壁英雄"兰金林、三洲杨梅种植第一人俞木火生、创业高材生肖贞芳;策武镇主要走访万亩果场的场主赖木生和典型人物沈腾香。

五是长汀生态文化建设。为了了解长汀的生态文化建设,小组成员主要走访了教育局、长汀县团县委、生态文明建设比较好的庵杰乡、涵前村、瞿秋白纪念馆、卧龙山公园和福音医院。

六是三洲镇的具体调查。为了具体了解在镇级层面的情况,我们于2015—2016年定点对三洲镇进行了深入的调查。我们走访了三洲镇镇政府及三洲镇八村,包括三洲村、桐坝村、丘坊村、小溪头村、兰坊村、小潭村、戴坊村、曾坊村。通过调查工作,我们访谈了三洲镇镇政府的汤庆洪镇长、曹添海主任。三洲村的戴芳文书记、黄永荣主任,桐坝村的李以旭书记、李兆钦主任,丘坊村的丘五星书记、俞天水主任,小溪头村的戴腾金书记、温金腾主任,兰坊村李华明书记、肖德光主任,戴坊村的戴海平书记,曾坊村戴成镐书记、戴镇华主任,小潭村的张永升书记、张皓翔主任。

调研思路:调研在"五位一体"全面发展的中国特色社会主义事业全面推进的背景下展开,在前期收集大量文件资料的基础上,深入长汀县实地调查获得大量一手资料,然后整理分析相关资料、进行论文写作及报告撰写。我们遵循的基本思路:广泛收集资料,深入实地调研,不断丰富资料,认真整理和分析已有的数据和资料,形成调研结论,然后针对调研过程中出现的问题有针对性地提出相应的对策和建议(见图 0-2)。

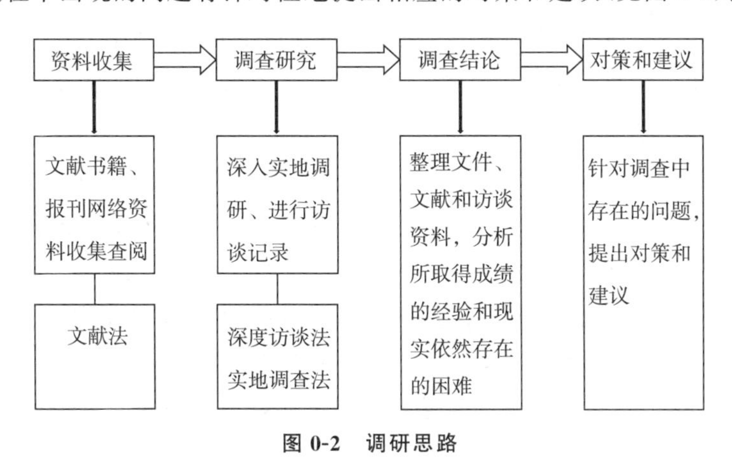

图 0-2　调研思路

第四节　研究的目的与意义

新时代中国特色社会主义建设事业中,生态文明建设现实意义进一步凸显。生态文明建设是全面建成小康社会的题中应有之义,没有生态文明的小康社会是不全面的小康社会。“面对资源约束趋紧,环境污染严重,生态系统退化的严峻形势”,生态文明建设只能进一步加强,而不能削弱;只能进一步抓紧,而不能丝毫放松;只能进一步加快,而不能放缓步伐。在新时代,中国的生态文明建设处于什么样的水平,要注意什么问题,有什么经验可循,我们有责任和义务从理论和实践层面对之进行梳理,为形成中国特色社会主义生态文明模式做些探索。

本书的主要研究目的包括:

第一,在新时代背景下梳理中国生态文明建设的现状、问题和经验,与中国所处的历史方位和世界方位相联系,明确中国生态文明建设的历史趋势和方向,从理论和实践上对中国特色进行挖掘、探索与呈现,尝试着形成中国特色社会主义生态建设的理论和实践路径。

第二,在地区和基层单位的实践方面调查和分析鲜活的社会主义生态文明建设情势,在世界与中国的生态文明建设进程中看地方经验如何丰富和发展中国生态文明建设的理论与实践。也从中看有哪些问题和经验是值得进一步研究和借鉴的。

本书具有重要的研究意义,主要体现在以下几个方面:

本书向世界呈现中国特色社会主义生态文明理论和实践路径,具有重要的理论意义。中国的发展进入了新时代,其中重要的美好愿景和价值引领就是"美丽中国"。社会主义中国在生态文明建设中形成的新理念新思想新战略,是中国共产党基于中国特色社会主义理论和实践,为解决中国生态文明建设中存在的问题而提出的。这条道路具有中国特色,业已形成了中国生态发展道路新模式。这种模式对于其他发展中国家探索生态文明建设道路将产生一定的借鉴意义。

本书对丰富中国特色社会主义生态文明建设的内涵具有积极意义。目前,"五位一体"的总布局将生态文明建设提到了新的高度,同时国内外关于生态文明建设的内涵、外延、体制机制、文化伦理等研究较为丰富,长汀生态建设的成功无疑是在生态文明理论指导下获得的,而长汀生态文明建设模式又可以进一步丰富和发展中国特色社会主义生态文明建设理论。

本书对指导解决全国其他地区生态的现实问题具有积极意义。政策的制定必须依赖于对现实的准确判断。生态文明建设是实现中华民族伟大复兴中国梦必须面对的重大课题之一,也是解决我国经济可持续发展和社会和谐的有力保障。整体资源短缺、环境恶化的现状又决定了我国生态文明建设是一个任重而道远的系统工程。长汀成功的生态文明建设经验,在生态文明建设全面推进的今天,具有重要的现实意义。

本书对于深入学习和了解习近平同志治国理政思想具有重要的推进作用。习近平同志在福建工作期间非常重视生态建设工作。2000年,习近平同志提出福建建设生态省的战略构想,强调"任何形式的开发利用都要在保护生态的前提下进行,使八闽大地更加山清水秀,使经济社会在资源的永续利用中良性发展"。① 指导编制并推动实施《福建生态省

① 段金柱、赵锦飞、林宇熙:《滴水穿石,功成不必在我——习近平总书记在福建的探索与实践·发展篇》,《福建日报》2017年8月23日。

建设总体规划纲要》。2002年，习近平同志强调指出："建设'生态省'，大力改善生态环境，是省委、省政府作出的重大决策，是促进我省经济社会可持续发展的战略举措，也是一项造福当代、惠及后世的宏大工程。"[①]同年，福建成为全国第一批生态建设试点省。根据《2013福建省环境状况公报》，福建12条主要河流水质状况为优，森林覆盖率65.95%，连续位居全国首位，是中国"最绿"的省份之一。2011年年底，习近平对《人民日报》有关长汀水土流失治理的报道做出重要批示，要求中央政策研究室牵头组成联合调研组深入长汀实地调研。仅隔一月，2012年1月8日，习近平同志在中央调研组报送的《关于支持福建长汀推进水土流失治理工作的意见和建议》再次做出重要批示："要总结长汀经验，推动全国水土流失治理工作。"长汀水土流失治理经验值得全国学习。习近平同志曾五次到长汀开展调研，先后六次做出批示。在他的大力推动和支持下，长汀经过长期不懈的努力，走出了一条保护生态与脱贫致富相统一、经济效益与生态效益相结合的发展之路。

本书将通过调查和走访再现习近平同志在福建工作时期对于长汀生态文明建设的贡献，科学总结提炼长汀县生态建设经验，以提供全国其他地方生态文明建设可借鉴的经验，整体推进中国特色生态文明建设。

第五节 研究方法

为了从宏观和微观层面上摸清全国、长汀县及镇的生态文明建设的总体状况，我们主要采取了文献法、深度访谈法和实地调查法等研究方法。

一、文献法

根据本书研究的特点和要求，特别是调查研究的内容和地点，我们

① 习近平：《实施分类经营 建设生态强省》，《福建日报》2002年5月14日。

进行了广泛持久文献的搜集和梳理,中国的生态文明建设自1949年以来就形成了许多有价值的文献资料,尤其是十八大以来,在探索中国特色社会主义生态文明方面形成了许多有价值的理论思考,也有许多调研报告值得借鉴。这些文献包括国内外关于生态文明建设的理论著作、论文,也包括各国在生态文明治理过程中出现的优秀经验做法的调研报告和各类规划宣言。而对于长汀来讲,长汀县的生态文明建设总体来说已经形成了一种模式,习近平同志当年在福建省任职时就非常关注福建省尤其是长汀的生态文明建设,长汀的生态文明建设也得到了社会各界的大力支持,因此关于长汀生态文明建设也有许多有价值、可供参考的文献。这些文献主要包括福建省政府、龙岩市政府、长汀县政府以及各级乡镇的政府文件和工作报告,各级领导人的相关讲话文件,长汀县以及各乡镇相关部门的工作总结,新闻媒体对长汀县生态文明建设的相关报道以及专家学者的相关研究论文。

二、深度访谈法

针对研究的长汀部分,我们采取深度访谈法,由各小组同学对所在组的针对性人物(各政府部门的领导,乡、镇、村领导,典型人物,普通民众,工厂企业或生态示范点项目负责人等)进行了深入的访谈,访谈内容涉及对过去长汀县生态建设的了解、未来的打算、对政府出台政策的看法、现实的困难以及急需的帮助等众多方面。通过访谈,获得了很多宝贵的第一手资料,为本书研究提供了参考。

三、实地调查法

针对研究的长汀三镇部分,调查人员走访了县城以及乡镇的相关政府部门或村委会,收集了与本次研究内容有关的数据、资料、政策及其实施情况,此外,调查人员下到工厂、生态示范点、林区、学校、农户家等地方,利用访谈记录的机会,采集了与生态建设相关的数据和资料。

本次调研重视理论与实践相结合,规范研究和实证研究同时展开。根据国家层面生态文明建设的情况进行梳理和思考,针对长汀县生态文明建设既有研究和掌握的资料进行了细致的探讨,并认真设计访谈问题,在调查组进驻前,调查指导教师对调研地点进行了先期的走访,做了大量的准备。根据调查设计,我们对调查到的实际情况和分析结果进行研究,以揭示长汀县生态文明建设的成功的原因,总结其生态文明建设的模式,也尝试分析长汀县生态文明建设所面临的现实困难并提出相应的政策建议。

第一部分

中国特色社会主义生态文明建设概述

自然是人类的家园，一切人类活动都依赖于自然界的协调有序运转。生态文明要求人类要尊重自然、顺应自然、保护自然，从而实现人与自然、人与人、人与社会和谐发展。生态文明建设是21世纪各国发展的大势所趋，也是人类文明的利益交汇点。党的十九大报告提出“加快生态文明体制改革，建设美丽中国”的生态目标，而生态文明也是我国社会主义“五位一体”总布局中重要的一环。走进新时代，怎样展开生态文明建设，如何实现美丽中国的美好愿景，需要我们从实际出发，客观认识中国所处的生态现状和我们所面临的生态问题，从马克思主义生态观出发，坚持科学的价值取向，探索实践路径。

第一章　中国特色社会主义生态文明建设的背景

众所周知，每个国家在发展的进程中都有着不同的背景，也面临不同的问题，就生态文明建设而言，中国生态文明建设也有自身的特点。我们分别从中国所处的人口、资源和环境概况、中华人民共和国成立初期生态建设的情况和国际社会生态文明建设概况等方面来分析中国的生态文明建设的背景。

第一节　中国的人口、资源和环境概况

邓小平同志曾经指出："要使中国实现四个现代化，至少有两个重要特点是必须看到的：一个是底子薄。……第二条是人口多，耕地少。……这就成为中国现代化建设必须考虑的特点。"①

一、中国的人口

历史上，中国人口在世界人口中一直占据较大比例。19世纪上半叶，清朝时中国人口占世界人口的三分之一。此后，由于战乱等因素，中国人口占世界比例大幅下降。

中华人民共和国成立时，中国大陆人口约5.4亿，占世界人口的22%。从1950年起，由于社会较为稳定，死亡率下降，预期寿命逐渐延

① 《邓小平文选》第2卷，人民出版社1994年版，第163～164页。

长,人口迅速增长。除了1959—1961年间三年困难时期产生的饥荒导致人口下降,直至20世纪70年代中期,中国大陆人口保持每年2%以上高增长的态势。1981年中国大陆人口达到10亿,占世界人口比例维持在22%。

根据中华人民共和国国家统计局统计,截至2021年5月11日,第七次全国人口普查结果公布,全国人口共141178万人,全国人口与2010年第六次全国人口普查的133972万人相比,增加7206万人,增长5.38%;年平均增长率为0.53%,比2000年到2010年的年平均增长率0.57%下降0.04个百分点。数据表明,我国人口10年来继续保持低速增长态势。[①]

近年来,中国大陆出生人口逐年下降,但是在未来一个时期,中国仍然是世界人口最多的国家,经济社会发展和资源环境仍然面临较大压力。目前,中国的劳动年龄人口在到达峰值后缓慢下降,劳动力成本趋于上升,对加快转变经济发展方式、提高人口素质提出了迫切要求;人口流动迁移活跃,城乡人口分布出现根本变化,给社会管理和人口管理带来新的挑战;人口老龄化进程明显加快,出生人口性别比长期偏高,成为社会和谐面临的重要问题。

二、中国的耕地

中国人口众多,但人均耕地面积不大。汪辉祖《梦痕录余》记载:嘉庆初年,"上田亩值制钱三十五六千文,有增至四十千文"。又说,"中人之家有田百亩,便可度日"。龚萼说:"八口之家,必须百亩之田。"2021年8月26日,自然资源部召开新闻发布会,公布第三次全国国土调查主要数据。我国耕地面积19.179亿亩。[②] 由于我国人口众多,人均耕地面积排在全世界126位以后,2017年人均耕地仅1.46亩,还不到世界人均耕地面积的一半。加拿大人均耕地面积是我国的18倍,印度人均耕地面

① 《第七次全国人口普查结果公布!》,http://tv.cctv.com/2021/05/11/ARTIK6w5Q4Gnn7YKxZf9gZ2g210511.shtml,访问日期:2021年5月11日。

② 《第三次全国国土调查主要数据成果:耕地面积19.179亿亩》,https://m.gmw.cn/2021-08/26/content_1302513243.htm,访问日期:2021年8月26日。

积是我国的 1.2 倍。我国已经有 664 个市县的人均耕地在联合国确定的人均耕地 0.8 亩的警戒线以下。[①] 在耕地面积小于美国、印度的条件下，中国的粮食产量却位居世界第一，粮食单产大大高于世界平均水平，但由于中国的人口数量是美国的 4 倍有余，人均粮食占有量却不足美国的 25%。中国已经进入低生育水平国家，但是人口基数大，人口规模对土地、森林和水资源等构成的巨大压力，若不采取有效措施，环境资源恶化问题会变得更加严重，也会进一步危及绝大多数中国人起码的生存条件和社会经济的可持续发展。

三、中国的其他资源

中国自然资源种类多，数量丰富。水能资源居世界第一位，海洋资源开发潜力巨大，矿产资源数量丰富，品种齐全。中国是世界上拥有野生动物种类最多的国家之一，几乎拥有北半球所有植被的类型。

中国矿产资源丰富，有 171 种，已探明储量的有 157 种，其中钨、锑、稀土、钼、钒和钛等探明储量居世界首位。煤、铁、铅、锌、铜、银、汞、锡、镍、磷灰石、石棉等储量均居世界前列。中国矿产资源分布的主要特点是，地区分布不均匀。如铁主要分布于辽宁、冀东和川西，西北很少，煤主要分布在华北、西北、东北和西南区，其中山西、内蒙古、新疆等省区最为集中，而东南沿海各省则很少。

中国内陆水域面积为 1747 万公顷，约占国土面积 1.8%，水资源总量为 27434 亿立方米。河流和湖泊是中国主要的淡水资源。河湖的分布、水量的大小，直接影响着各地人民的生活和生产。中国人均径流量为 2200 立方米，是世界人均径流量的 24.7%。海滦河流域是全国水资源最紧张的地区，人均径流量不足 250 立方米。中国水资源的分布情况是南多北少，而耕地的分布却是南少北多。比如，中国小麦、棉花的集中产区——华北平原，耕地面积约占全国的 40%，而水资源只占全国的 6%左右。水、土资源配合欠佳的状况，进一步加剧了中国北方地区缺水的程度。

---

① 《耕地红线——生命之线》，https://www.cas.cn/kx/kpwz/201507/t20150713_4391748.shtml，访问日期：2021 年 5 月 15 日。

中国水能资源蕴藏量达6.76亿千瓦,居世界第一位。中国海洋资源可开发利用潜力巨大,拥有大陆岸线18000多公里以及面积在500平方米以上的海岛6500多个,岛屿岸线14000多公里。

中国动物资源丰富,种类繁多。全中国陆栖脊椎动物约有2070种,占世界陆栖脊椎动物的9.8%。其中鸟类1170多种、兽类400多种、两栖类184种,分别占世界同类动物的13.5%、11.3%和7.3%。

中国有种子植物300个科、24600个种,兼有寒、温、热三带的植物,其中被子植物2946属,占世界被子植物总属的23.6%。比较古老的植物,约占世界总属的62%,其中水杉仅存于中国。栽培植物中,有用材林木1000多种,药用植物4000多种,果品植物300多种,纤维植物500多种,淀粉植物300多种,油脂植物600多种,蔬菜植物80余种。

就资源的存量和使用来说,中国资源的特点是人均占有量少,分布不均,利用率差。我们必须培育环境保护理念,合理利用资源。

第二节　中华人民共和国成立初期的生态文明探索和实践

回望历史,尽管我们在20世纪50年代、60年代没有用生态文明这样一个名词,但中华人民共和国成立以来所开展的一系列工作,就是生态文明建设的探索和大力实践,就是生态文明理念的不断演进。

一、中华人民共和国成立初期对于生态文明的探索

中华人民共和国成立初期,百废待兴,万象更新。在很长的一段时期里,我们面临的主要任务是恢复国民经济和生产,力争把我国从落后的农业国变成一个先进的工业国。从人与自然的关系来看,我们对待资源的态度基本是"人定胜天",强调人的主观能动性,"战天斗地""征服自然"等这些口号都是那段时间中国对于生态建设的探索。

二、人口发展出现新特征

中华人民共和国成立后，人口迅速增长，但人口资源环境的矛盾并不突出。1949年以后，社会安定，经济发展，人民的生活水平及医疗卫生条件不断得到改善。死亡率大幅度下降，出生率维持在高水平，从而出现了人口高增长状况。1949年，全国人口出生率为36‰，死亡率为20‰，自然增长率为16‰，年底全国总人口为5.42亿。到1957年，死亡率下降到了10.8‰，而自然增长率上升为23.2‰，总人口达到6.47亿。1949—1957年，人口净增1.05亿。1959—1961年，连续三年的自然灾害，使经济发展出现了波折，人民生活水平降低，致使人口死亡率突增，出生率锐减。但三年自然灾害过后，经济发展状况逐渐好转，人口发展的不正常状态也得到迅速改变，人口死亡率开始大幅度下降，强烈的补偿性生育使人口出生率迅速回升，人口增长进入了中华人民共和国成立以来前所未有的高峰期，并一直持续到70年代初。这一时期，人口死亡率重新下降到10‰以下，并逐年稳步下降，1970年降到7.6‰。出生率的上升和死亡率的下降，使这一阶段的人口年平均自然增长率达到27.5‰，年平均出生人口达到2688万人，9年净增人口1.57亿，这是中华人民共和国成立以后出现的“第二次人口生育高峰”。在此期间，中国通过毁林造田、填海造田、垦荒造田等活动扩大耕地面积，以解决人口与粮食之间的矛盾；同时，通过“上山下乡”等政治运动，以缓解城市人口对粮食和就业的压力。这些措施暂时缓解了中国人口对粮食的压力，但是，从中长期而言，这些措施却造成了森林减少、水土流失、土地荒漠化和自然灾害增多等更为严重的生态灾难，从而在更大程度上和更大范围内加重了中国人口与粮食之间的矛盾。客观地讲，这一时期人口总量的剧增直接影响了当时国民经济的健康运行，而且还对以后相当长时间内的中国人口发展与经济运行产生了无法避免的影响。进入70年代以来，开始逐步地实行计划生育政策，探索人口、资源环境可持续发展的做法。

三、社会主义革命和建设初期积累了宝贵经验

党对于有关生态方面的林业、水利、人口问题做过多次调查并形成相关指导性文件，其中包括：

关于水利建设与人口控制思想。中华人民共和国成立后，面对数次大规模的洪涝灾害带来的重大损失，党的第一代领导集体更加坚定治水兴农的决心，在毛泽东同志的领导下开展各项水利工程建设。这些探究是对中国传统治水经验的继承和创新发展，为当今我国水利事业的发展和建设提供历史借鉴。党对人口控制问题的关注始于20世纪50年代后期，发展于60年代，并提出了“有计划地生育”的论断。

关于环境保护思想。“绿化祖国”这个人们熟悉的口号是毛泽东同志在1956年3月提出来的，其内涵包括：“在一切可能的地方，均要按规格种起树来”；“要做出森林覆盖面积规划”；“真正绿化，要在飞机上看见一片绿”；“用二百年绿化了，就是马克思主义”。1958年8月，毛泽东同志强调，“要使我们祖国的河山全部绿化起来，要达到园林化，到处都很美丽，自然面貌要改变过来”。党中央有关同志对农业、林业和畜牧业的优先发展问题提出先发展农业的想法时，毛泽东同志指出三者的辩证关系：“应互相依赖平衡传递发展，不存在先后发展的问题。”中华人民共和国第一代领导集体在经历挫折困难后及时总结环境保护经验，为探索中国特色环境保护道路奠定了良好的发展基础。

经过“大跃进”的曲折，毛泽东开始关注生态环境问题。他说：“如果对自然界没有认识，或者认识不清楚，就会碰钉子，自然界就会处罚我们，会抵抗。比如水坝，如修得不好，质量不好，就会被水冲垮，将房屋、土地淹没，这不是处罚吗？”[①]在社会主义建设过程中，资源浪费引起了中央领导的关注，毛泽东多次强调要厉行节约，他告诫全党，对办食堂破坏山林、浪费劳力等问题要引起高度重视。“这些问题不解决，食堂非散伙不可，今年不散伙，明年也得散伙，勉强办下去，办十年也还得散伙。没

---

① 毛泽东：《经济建设是科学，要老老实实学习》，《毛泽东文集》第八卷，人民出版社1999年版，第72页。

有柴烧把桥都拆了，还扒房子、砍树，这样的食堂是反社会主义的。”[①]

在这一时期，党的其他领导人也非常重视生态环境建设，比如，周恩来总理就多次提到森林资源问题。他指出，基础太小，林政不修，森林采伐不按科学的方法，这都需要大力整顿。不科学地采伐，没有护林和育林，森林地带也会变成像西北那样的荒山秃岭。[②] 周恩来总理不仅指出了问题，还提出了环境保护的对策。他强调，必须加强国家造林事业和森林工业，有计划有节制地采伐木材和使用木材，同时在全国有效地开展广泛的群众性的护林造林运动。[③]

随着经济的发展，环境污染日益严重。我国在工业化的过程中，同样遇到西方发达资本主义国家所经历的“环境公害事件”。1971 年，北京市重要水源官厅水库水质明显恶化，引起周恩来总理和国务院的高度重视。1972 年，国家计委和建委向国务院提交了《关于官厅水库污染情况和解决意见的报告》，这份报告为中国治理生态环境污染奠定了政治和法律基础。周恩来总理于 1970 年前后曾多次指示国家有关部门和地区切实采取措施实施防治环境污染。1972 年 6 月，中国派代表团出席了在斯德哥尔摩召开的联合国人类环境会议。1973 年，中国召开了第一次全国环境保护会议，拟定了《关于保护和改善环境的若干规定（试行草案）》，指出要从战略上看待环境问题，对自然环境的开发，包括采伐森林、开发矿山、兴建大型水利工程，都要考虑到对气象、水生资源、水土保持等自然环境的影响，不能只看局部，不顾全局，只看眼前，不顾长远。可见，生态可持续发展的思想在首次全国环保会上已经萌芽。1974 年，国务院颁布了《中华人民共和国防治沿海水域污染暂行规定》。1978 年，《中华人民共和国宪法》第一次对环境保护作了如下明确规定：“国家保护环境和自然资源，防治污染和其他公害。”同期制定和颁布的环境保护标准还有《工业“三废”排放试行标准》《生活饮用水标准》《食品卫生标准》等，使环境管理初步具有一系列定量指标。1979 年，正式制定并颁布了《中华人民共和国环境保护法（试行）》。70 年代后，中国共产党带领全

---

① 毛泽东：《要做系统的由历史到现状的调查研究》，《毛泽东文集》第八卷，人民出版社 1999 年版，第 254 页。

② 周恩来：《周恩来选集》下，人民出版社 1984 年版，第 25 页。

③ 周恩来：《周恩来选集》下，人民出版社 1984 年版，第 138 页。

国人民在促进经济社会发展过程中,探索经济发展与生态环境之间的关系,探索人与自然和谐相处之道,不断地深化对生态文明建设规律性的认识。

中华人民共和国成立之初,单纯盲目追求生产力的发展"赶英超美",忽视了对生态环境的应有重视和保护,违背自然规律,尤其是20世纪50年代末赶超型的发展理念更加剧了问题的严峻性。可以说,环境保护思想在整体上是围绕生产发展而形成的初步认识,虽然也意识到要保护自然,发现了环境保护中存在的问题,制定了相关的政策法规,但远未提升到尊重自然、顺应自然的高度,对自然的自我生长,自我修复能力,人的活动对自然的影响,以及自然的反人化这些问题都未充分重视,所以生态环境问题始终没有出现在党代会的报告中。

第三节 国外生态文明建设的情况

生态文明的推进是一个世界性的议题,回顾世界范围内生态文明建设的历程,有助于我们从更加宏观的维度来理解和面对中国的生态文明建设。

一、生态文明意识觉醒的阶段

生态文明的倡导是工业化进程倒逼的产物。从20世纪30年代开始,欧洲、美国和日本等西方发达资本主义国家先后发生了震惊世界的系列"环境公害事件",这些"环境公害事件"的特点均为工业"三废"严重污染空气、水源、土壤和食品而导致重大人员伤亡事故。在20世纪50年代,英国出现了伦敦雾都事件,在短短三个月当中造成12000多人死亡。1962年,美国海洋生物学家蕾切尔·卡逊出版的《寂静的春天》详细地讲述了化学杀虫剂在杀死害虫的同时也伤害了益虫、鸟类和鱼类,对整个生态系统产生了巨大的破坏力。1967年,日本通过了世界最早的《公害对策基本法》,分别对大气、水质和土壤等制定了严格的环境质量标准。1969年,美国颁布了世界上第一部《国家环境政策法》,旨在防止和消除人类对环境和生态系统的伤害，维护人类与环境之间的和谐。1970 年 4 月 22 日，美国 2000 多万人上街游行要求保护环境，"世界地球日"由此而生。1971 年，"国际绿色和平组织"诞生。1972 年 3 月，罗马俱乐部发表了《增长的极限》，从世界人口、农业、自然资源、工业生产和环境五个方面阐述了以产业革命为特征的经济增长模式给地球和人类自身带来的毁灭性灾难。1972 年 6 月，联合国人类环境大会在瑞典斯德哥尔摩举行，并成立了联合国环境规划署。联合国环境规划署分别于 1972 年、1973 年和 1979 年通过了禁止将废弃物排入海洋的《伦敦公约》《防止船舶污染国际公约》《日内瓦远程跨国界大气污染公约》。

二、各国政府和各界人士提倡并实践可持续发展的阶段

1984 年，联合国成立"世纪环境与发展委员会"，该委员会于 1987 年完成《我们共同的未来》研究报告，首次提出了"可持续发展"，亦即"在满足当代人需要的同时，不损害后代满足其自身需要的能力"，得到国际上的广泛认同。在此概念中，两大发展主体"当代人"和"后代人"不是绝对分别存在于不同的时间与空间，在一定条件下的发展问题上存在一些矛盾，而可持续发展正是解决这种矛盾的动态性的优化过程。要求以人与自然以及人与人的关系不断优化为前提，建立以人为发展中心的"自然—经济—社会"三维复合系统，通过三者间的有机协调最终达到社会发展的可持续性。有限的自然资源要求发展与有限的自然承载力相适应，才能保证和保护生态的可持续性，从而实现最终的可持续发展。1992 年，联合国在巴西里约热内卢召开环境与发展大会，大会通过了《里约热内卢宣言》《21 世纪议程》，签署了《气候变化框架公约》《生物多样性公约》《保护森林问题原则声明》，并成立可持续发展委员会。本次会议共有 176 个国家的代表参加，其中包括 118 位国家元首，被称之为"地球峰会"。1997 年，《联合国气候变化框架公约》缔约方第三次会议上通过《京都议定书》，对减排温室气体的种类、主要发达国家的减排时间表和额度等做出了具体规定。1998 年，美国在《京都议定书》上签字。

三、生态文明建设进入角力谈判阶段

2001年,美国退出《京都议定书》。2002年9月,联合国第三次“地球峰会”在南非约翰内斯堡召开,大会通过了《执行计划》和题为《约翰内斯堡可持续发展承诺》的政治宣言。但是,世界上大的温室气体排放国美国却以给美国经济发展带来过重负担为由拒绝在《京都议定书》上签字。2009年,哥本哈根会议就发达国家实行强制减排和发展中国家采取自主减缓行动做出安排,但是因为发达国家与发展中国家之间在“共同但有区别的责任”方面没有达成共识,所以没有达成具有法律约束力的协议文本。2013年,在华沙气候大会上,西方发达国家与发展中国家在会议期间展开激烈角力,终就德班平台谈判、气候资金和损失损害补偿机制等焦点议题达成协议。但是,一些世界环境组织认为,由于发达国家不愿意承担责任,华沙会议没有取得任何实质性结果。从民间到联合国,从里约热内卢会议到约翰内斯堡会议再到华沙会议,在过去的半个世纪当中,人类不仅没有阻止环境灾难频繁发生,全球性生态环境每况愈下,各国有识之士俱深表忧虑。① 2020年11月,美国正式退出《巴黎气候协定》,成为迄今为止唯一退出《巴黎气候协定》的缔约方。2021年1月,美国又重返《巴黎气候协定》。可见,人类的可持续发展之路并不平坦。

---

① 刘仁胜:《人类生态文明发展之路——〈生态民主〉译者序言》,《生态民主》,中国环境出版社2016年版。

第二章　生态文明理论研究的概况

工业化的实践在学术界引起了广泛的讨论，国内外学者对生态文明的研究越来越深入。我们常说，理论是行动的先导，理论的研究在指导生态文明建设中发挥着重要的不可替代的作用。

第一节　相关的概念

追根溯源，我们需要厘清相关概念的来龙去脉，进一步认识和理解中国特色社会主义生态文明的理论基础和理论内涵。

一、生态和生态文明的概念

要界定“生态文明”的含义，首先应该了解“生态”一词，生态(Eco-)一词源于古希腊词语 οικos，原意指“住所”或“栖息地”。生态学的产生最早也是从研究生物个体而开始的，1866 年，德国生物学家 E. 海克尔(Ernst Haeckel)最早提出生态学的概念，当时认为它是研究动植物及其环境间、动物与植物之间及其对生态系统的影响的一门学科。日本东京帝国大学三好学于 1895 年把 ecology 一词译为“生态学”。目前生态学已经渗透到各个领域，“生态”一词涉及的范畴也越来越广，人们常常用“生态”来定义许多美好的事物，如健康的、美的、和谐的事物均可冠以“生态”修饰，一些学者提出了“政治生态”的概念。简单地说，生态就是指在自然环境下一切生物的生存、生活与发展状态，它们的生理特性与生活习性，它们之间以及它与环境之间环环相扣的关系。当然，不同文化背景的人对“生态”的定义会有所不同,多元的世界需要多元的文化,正如自然界的“生态”所追求的物种多样性一样,以此来维持生态系统的平衡发展。

生态文明,是人类文明的一种形式,也是人类文明发展的一个新阶段。在生态文明之前,人类经历了农业文明和工业文明时代,但是工业文明300年来都以征服自然为终极目标,工业文明的发展导致了全球一系列的生态危机,人类急需一种新的“绿色文明”,也就是生态文明。1978年,德国法兰克福大学政治学系伊林·费切尔(Iring Fetscher)教授在《论人类的生存环境》一文中提出了生态文明一词,但是,他并没有对生态文明进行定义,只是简单地将生态文明作为工业文明之后的文明形态。1995年,美国北卡罗来纳大学罗伊·莫里森(Roy Morrison)教授在《生态民主》一书中描述过生态文明的概念,并将生态民主作为实现生态文明的唯一方式;在2006年出版的《生态文明:2140》一书当中,莫里森又展望了22世纪的生态文明。罗伊·莫里森将民主、平衡与和谐作为生态文明的三大支柱。他认为,生态民主是通往生态文明的唯一通路。由于工业主义造成全球性污染,罗伊·莫里森还主张:不仅要有全球性的思维,也要有全球性的行动。

1984年,中国科学院马世骏院士被聘为联合国“布伦特兰委员会”22位专家之一,参加起草世界第一份可持续发展宣言书——《我们共同的未来》。马世骏院士创建了生态工程理论,即运用生态系统中的物种共生、物质循环再生和生物能多层次利用的原理,结合系统工程中的优化方法而设计的多层多级利用物质的生产工艺系统。在中国学术界,刘思华教授在1986年全国(上海)第二次生态经济学科学研讨会上首次提出社会主义生态文明的新理念,并一直致力于建设生态文明的理论研究。西南农业大学叶谦吉教授在1987年全国生态农业问题研讨会上,首次初步界定了“生态文明”概念,并在1987年4月23日接受《中国环境报》的采访中,从人类与自然之间关系的角度对“生态文明”进行了初步定义。中国社会科学院余谋昌教授长期从事环境哲学、生态哲学和生态伦理学研究,提出了生态工业、生态文化、生态价值、仿圈学等诸多生态文明建设的前瞻性观念和思想,主要著作包括《当代社会与环境科学》(1986年)、《惩罚中的醒悟:走向生态伦理学》(1995年)、《生态哲学》

(2000年)和《生态文化论》(2001年)等。余谋昌教授在总结西方环境哲学、生态哲学和生态伦理学知识的基础之上,成功地将生态学基本原理从自然科学引向社会科学,开创了我国社会科学的生态化,他提出的许多生态概念或者生态观点成为我国生态文明建设的有机组成部分。中国社会科学院刘宗超教授运用自然科学和社会科学的综合知识专门系统地研究生态文明,1997年出版了《生态文明观与中国可持续发展走向》,2000年出版《生态文明观与全球资源共享》。刘宗超教授认为,生态文明的价值观是一种"社会—经济—自然"的整体价值观和生态经济价值观,人类的一切活动都要服从于"社会—经济—自然"复合系统的整体利益。生态文明的物质基础和实现手段是信息文明,其中信息产业可以为中国大量人口提供低能耗的就业机会,信息技术可以使各种资源在生态建设过程中的优化配置、经济运行和综合管理成为可能。刘宗超教授首次提出了全球生态文明观和全球资源共享的理念。

21世纪以来,随着可持续发展和科学发展观日益受重视,保护环境成为基本国策,中国诸多学者对生态文明进行了专题研究。2001年,廖福霖教授出版了《生态文明建设理论与实践》,提出了生态文明是以知识经济和生态经济为代表的生态生产力在21世纪的表现形式,并对城市、乡村、江河流域和森林等生态建设做了具体论述。2003年,刘湘溶教授出版了《生态文明——人类可持续发展的必由之路》,主要阐述了生态文明与可持续发展之间的关系,以及生态文明得以实现的可持续条件。2003年,王如松教授出版《复合生态与循环经济》,比较详细地阐述了产业经济学与循环经济学之间的关系。2005年,吕光明和秦学编辑出版了《生态文明建设通论》,在较为丰富的历史资料的基础之上,总结了生态工业、生态农业、生态旅游业、生态城市等发展的基本要求,并在我国既有的考核指标体系汇编中提出了生态文明建设的考核体系。2007年,俞可平教授主编的"生态文明系列丛书"陆续出版,主要阐述了生态文明与马克思主义之间的理论关系,并以厦门市为试点城市,探索了社会主义市场经济条件下的生态文明城市建设。2007年,巩英洲副教授出版了《生态文明与可持续发展》,对生态文明思想的发展做了简要的哲学概括。傅治平教授的《第四文明》将生态文明纳入社会主义文明。2007年,刘爱军博士出版了《生态文明与环境立法》,万劲波副教授和赖章盛教授出版了《生态文明时代的环境法治与伦理》,论述了环境法治建设对生态文明建设的法治保障。2011年,刘思华教授主编出版了国家"十一五"重点图书规划项目《生态文明与绿色低碳经济发展论丛》(12卷),标志着生态文明科学理论体系基本形成。2013年,贾卫列教授等出版了《生态文明建设概论》,从生态正义、生态安全和能源革命的角度立意,阐述了生态文明框架下的经济建设、政治建设、文化建设、社会建设和环境建设,综合体现出十八大报告中"五位一体"的战略格局。2015年,贾治邦主任出版的《论生态文明》,从理论与实践相结合的角度,系统梳理生态文明的发展过程,重点阐述了中国生态文明建设的实践经验和发展路径。2016年由吴季松出版的《生态文明建设》深入探讨了生态与文明关系,并提出对未来生态文明时代的向往和追求。2018年由任铃、张云飞撰写的《改革开放40年的中国生态文明建设》,结合国情与国际环境,积极应对时代发展的新要求,继承和发展了马克思主义生态文明理论,批判吸收中国传统文化中的生态智慧,借鉴参考国外生态环保理论的有益成果,深入开展生态文明建设实践,明确提出并详细阐述生态文明建设思想,逐渐形成中国特色生态文明建设理论。

截至目前,学界普遍认为,生态文明,是指贯穿于经济建设、政治建设、文化建设、社会建设全过程和各方面的系统工程,是指人类为了保护和建设好生态环境,遵循人、自然、社会和谐发展这一客观规律而取得的物质、精神以及制度成果的总和,是指人与自然、人与人、人与社会和谐共生、良性循环、全面发展、持续繁荣为基本宗旨的文化伦理形态。

二、生态文明建设

生态文明建设是指如何做好生态文明这个系统工程。具体是指我们在理念、制度和行动等方面如何保障生态文明目标的实现。党的十七大报告把建设生态文明单独拿出来强调,并做出具体部署,体现了我们党和政府对新世纪新阶段我国发展呈现的一系列阶段性特征的科学判断和对人类社会发展规律的深刻把握。一方面我国人均资源不足,人均耕地、淡水、森林仅占世界平均水平的32%、27.4%和12.8%,石油、天然气、铁矿石等资源的人均拥有储量也明显低于世界平均水平;另一方面，由于长期实行主要依赖增加投资和物质投入的粗放型经济增长方式，能源和其他资源的消耗增长很快，生态环境恶化的问题也日益突出。人类社会的发展实践证明，如果生态系统不能持续提供资源能源、清洁的空气和水等要素，物质文明的持续发展就会失去载体和基础，进而整个人类文明都会受到威胁。因此，建设生态文明是实现全面建设小康社会的内在需要，是建设中国特色社会主义的重要内容。

党的十七大报告第一次将“建设生态文明”写进了党的政治报告中，并提高到国家发展战略的高度，要求到2020年全面建设小康社会目标实现之时，使中国成为生态良好的国家。十八大报告再次强调，建设生态文明是关系人民福祉、关乎民族未来的长远大计。在资源约束趋紧、环境污染严重、生态系统退化的形势下，必须树立尊重自然、顺应自然、保护自然的生态文明理念。党的十八大把生态文明建设放在突出地位，号召全党、全国人民一定要更加自觉地珍爱自然，更加积极地保护生态，努力走向社会主义生态文明新时代。把生态文明建设放在突出地位，融入经济建设、政治建设、文化建设、社会建设各方面和全过程，努力建设美丽中国，实现中华民族永续发展。习近平总书记在党的十九大报告中指出，要加快生态文明体制改革，建设美丽中国；从2020年到2035年，在全面建成小康社会的基础上，再奋斗十五年，基本实现社会主义现代化，到那时“生态环境根本好转，美丽中国目标基本实现”。这些重要论述阐明了生态文明建设的目标和途径。

第二节　生态文明的理论探索

一、马克思、恩格斯对生态文明的探索

对生态文明的研究由来已久。马克思、恩格斯在工业时代尤其关注人与自然的关系。虽然他们没有专门的著作论述其系统的生态文明思想，但是二人关于生态环境的著述以及生态思想散落于多部著作中，并从多种角度阐释生态环境恶化与资本主义制度的关系、生态环境与经济发展的辩证关系以及社会主义生态文明建设如何实现的理论。马克思

在学生时代的文章中就有关于环境遭到破坏的描述,并以人、动物在自然中的自由与制约为切入点进行论述;在其博士论文、《1844 年经济学哲学手稿》和《德意志意识形态》等文章中,从社会制度角度对环境污染与保护问题进行了论述;在《政治经济学批判大纲》和《资本论》中,辩证地阐述了人、自然和社会的关系。恩格斯与马克思的关注重点有所不同,他在《英国工人阶级状况》中重点描述了工人阶级的生存状况,尤其是生活环境,并以此为切入点说明资本主义制度是生态环境恶化的原罪。在《自然辩证法》《反杜林论》等著作中从哲学角度分析了自然界的先在性与人的主观能动性之间的关系问题,并认为生态问题的实质就是对二者之间关系的认识问题。

二、生态问题逐渐成为西方国家学术研究热点

1962 年,蕾切尔·卡逊在其经典著作《寂静的春天》中提到了环境保护问题,这本书被称作是人类开始关注环境问题的里程碑。1972 年人类环境会议在斯德哥尔摩召开,该会议呼吁世界各国为治理、改善与保护人类生存和发展环境共同努力,造福全人类,造福后代子孙。罗马俱乐部也在同年发表了研究报告《增长的极限》,其中提出了一种均衡发展理念,引起了世界对工业文明时代的反思。1992 年,联合国环境与发展大会在巴西里约热内卢召开,提出了《21 世纪议程》,推动了人类环境治理的进步。1997 年,签订了限制温室气体排放的《京都议定书》。21 世纪,《哥本哈根协议》签署并生效……全球生态危机的爆发,使生态环境问题纳入各国政治、经济、文化等方面的合作考虑因素中。1989 年皮尔斯在《绿色经济蓝皮书》中率先阐述了“绿色经济”的内涵,他认为绿色经济就是一种不以牺牲环境为代价换取经济增长的全新发展模式。1995 年,美国生态经济学家麦克斯-尼夫(Max-Neef)提出了经济增长的“门槛假说”,认为国家的经济发展在达到一个最高的“门槛”后,经济的继续发展可能会导致生态环境质量的不断下降,原因在于经济增长加剧了对环境和社会的压力。德国、挪威、瑞典、荷兰等一些西方发达国家近 20 年来率先进行的一系列积极的改革,为其他国家和地区的社会生态恢复与重建提供了可以借鉴的经验。2002 年,联合国在约翰内斯堡举行可持续发

展世界首脑会议，要求各国更好地执行《21世纪议程》的量化指标，生态文明的发展状况开始成为衡量一个国家整体发展水平的重要指标，这标志着生态文明时代的到来成为一种共识。

三、我国学术界对生态文明的相关探索

我国学术界对生态文明理论的研究和探索始于20世纪80年代，并大致经历了从评介以西方生态伦理学理论为主的西方绿色思潮到生态文明理论的建构过程。在这一过程中，对于生态文明的理论基础和理论内涵，学术界逐渐形成了两种有代表性的观点。一种观点认为，生态文明是以“自然价值论”和“自然权利论”为理论基础，以“生态”为本位，以追求人类社会和生态和谐发展为目标的新型文明理论；另一种观点则认为，生态文明应当以“人类中心主义”为理论基础，以“人类的整体利益和根本利益”为本位，以追求经济可持续发展为目标的新型文明理论。两大理论的共同点是借鉴或认同西方绿色思潮中的人类中心主义研究范式或生态中心论的研究范式来建构生态文明理论。循着上述两种理论，中国学界对于生态文明的内涵、特征、意义做了大量的研究，取得了丰硕的成果。但是相关的研究过多地拘泥于抽象的价值观视角来探讨生态危机产生的原因和找寻解决生态危机的途径，价值维度的讨论和关注使相关的研究在政治、经济、文化和科学技术领域非常弱化。忽略生态文明理论的制度建设和行动框架研究致使生态文明理论无法落实到现实生活中，难以起到规范人们实践行为的作用。虽然目前国内有一些研究已经意识到了生态文明理论不仅关注其价值层面的倡导，还要渗透到政治、经济、文化和科技的领域，突出生态文明建设的实践效力，但是相关的理论和实践研究还是显得较为单薄。在生态发展需要日益迫切的今天，如何借鉴国内外相关研究的成果，立足中国具体的国情，构建具有中国特色的社会主义生态文明理论极具迫切性。

第三节 社会主义生态文明的理论基础和基本内涵

一、社会主义生态文明的理论基础

1. 西方生态文明理论

当今世界较流行的生态文明理论源于西方现代社会。尤其是20世纪80年代,“生态现代化”的概念开始流行,并发展成为一种多元理论与许多国家的实践。关于生态文明建设的现代化理论有四个代表性的观点:“预防性”策略论、社会变革论、弱化与强化论、社会选择论。西方生态现代化思想的实质可以理解为对现代工业社会生态恢复和生态重建。这种现代化的新模式追求经济有效、社会和环境友好的发展。这是经济和环境的双赢,主张经济增长与环境保护相互协调,经济增长与环境压力脱钩。显然,借鉴这些理论对建设生态文明的和谐中国具有重要意义。

2. 马克思主义生态文明观

马克思生态理论集中地体现在他的实践观和唯物史观中。马克思认为人是自然之子,自然是人生存和发展的前提条件。人要在社会实践中把握人与自然的关系,社会实践是人与自然相联系的中介。人与自然关系的实质是人与人的关系。马克思通过对资本主义发展规律的揭示,认为要实现人与自然的和谐和可持续发展,不仅需要自然的“解放”,更重要的是要实现人的自身解放,而要实现人的解放就必须废除资本主义私有制,实现共产主义。这些观点既是生态文明理论的逻辑起点,也是确立生态文明理论的哲学方法,为我们正确认识和处理人类社会和自然环境的相互关系、建设发展社会主义生态文明指明了总体方向。

3. 中华传统文明中的生态思想

中华文明虽然是工业文明的迟到者,但中华文明的基本精神却与生态文明的内在要求基本一致,从政治社会制度到文化哲学艺术,无不闪烁着生态智慧的光芒。中华传统文明中的生态思想是社会主义生态文明理论的重要理论来源。儒家主张“天人合一”，其本质是“主客合一”，肯定人与自然界的统一，肯定天地万物的内在价值，主张以仁爱之心对待自然，体现了以人为本的价值取向和人文精神。道家提出“道法自然”，强调人要以尊重自然规律为最高准则，以崇尚自然效法天地作为人生行为的基本归依，这与现代环境友好意识相通，与现代生态伦理学相合。佛家认为万物是佛性的统一，众生平等，万物皆有生存的权利，从善待万物的立场出发，把“勿杀生”奉为“五戒”之首，生态伦理成为佛家慈悲向善的修炼内容。中华文化是解决生态危机、超越工业文明、建设生态文明的文化基础。中国传统文化中固有的生态和谐观，为实现生态文明提供了坚实的哲学基础与思想源泉。

二、社会主义生态文明理论内涵

1. 生态意识文明建设——观念是行动的先导

生态意识文明是社会主义生态文明的第一个层次。所谓的生态意识文明是人们正确对待生态问题的一种进步的观念形态，包括进步的生态意识思想、生态心理、生态道德以及体现人与自然平等、和谐的价值取向。它旨在引导决策者与全社会拒斥人类沙文主义意识，学会理解自然和尊重自然，逐渐确立人与自然一体，生态文明是人类文明的基础以及以人与自然和谐为取向的生态价值观、生态伦理观、资源开发与消费观。

2. 生态制度文明建设——制度是行为的保障

社会主义生态文明的第二个层次是生态制度文明。生态观指导下的制度，不仅调整人与人之间的关系，而且调整人与自然之间的关系，强调人类社会与自然界的依存关系，以良好的制度约束人的行为，实现社会制度对生态文明的保障。生态制度文明是指人们正确对待生态问题的一种进步的制度形态，包括生态法律、制度和规范。它涉及经济、政治、文化、社会和生态建设等各个领域，旨在建立和完善有利于建设生态文明，促进人与自然和谐目标实现的法律、政策、规则等制度体系，并增强决策者和全社会的制度意识，形成良好的生态制度文化。这是我国生态文明建设的基本保证。

3. 生态行为文明建设——行为是规范的结果

社会主义生态文明的第三个层次是生态行为文明。生态行为文明是一定的生态文化观和生态文明意识指导下,人们在生产和生活实践中的各种推动生态文明向前发展的活动。它旨在引导决策者和全社会以生态意识文明为指导,以生态制度文明为准则,以促进人与自然和谐为目标,开展各种生产生活实践活动,包括在近期基本形成节约能源资源和保护生态环境的产业结构、增长方式、消费模式,包括坚持生态正义、实施生态补偿等。这是我国生态文明建设的关键,也是根本。

第三章　中国特色社会主义生态文明建设的历程和成效

1982年党的十二大明确提出建设有中国特色社会主义。应该说自20世纪80年代以来,中国特色社会主义生态文明的建设之路也逐步开始了。而在世界范围内,20世纪80年代之后,随着世界经济产业结构的升级调整,西方发达资本主义国家逐渐将工业产业特别是污染严重的工业产业转移到包括中国在内的广大第三世界国家。第三世界国家在为资本主义市场提供廉价的劳动力和自然资源的同时,不得不承受发达资本主义国家曾经遭遇的生态环境灾难。面对严峻的生态环境恶化现实,中国借鉴西方发达国家在环境治理方面的经验和教训,结合中国工业化水平以及生态环境现实,及时制定了一系列法规和标准,开启了生态文明建设的新阶段。

第一节　中国特色社会主义生态文明建设的阶段

一、改革开放初期环保意识和理念不断加强,法律法规开始建立

改革开放以来,中国从政府层面对环境保护的意识越来越强,环境保护理念初步形成,环境保护政策和制度不断完善。1981年党中央制定的《关于在国民经济调整时期加强环境保护工作的决定》中,要求必须"合理地开发和利用资源""保护环境是全国人民根本利益所在"。次年,党的十二大又提出关于控制人口增长、加强能源开发与节约能源消耗等

生态文明建设观点。党的十三大指出我国面临着“人口多,底子薄,人均国民生产总值仍居于世界后列”的客观事实情况,在解决方案中首次提出经济要从粗放型经营逐步转变到以集约型经营为主。同时,党中央也认识到要更加有效地进行环境保护工作,还必须建构完善的法律和制度体系,使得经济、社会和环境协同发展。1983 年,第二次全国环境保护会议召开。会议强调要以强化环境管理作为环境保护的中心环节,并把环境保护上升为基本国策。1989 年 12 月将《中华人民共和国环境保护法(试行)》上升为国家正式法律,标志着环境保护法律正式建立。该法秉持马克思主义的生态观,总结中华人民共和国成立以来环境保护的经验教训,确立污染者必承担治理责任的原则,为我国环境保护事业开展提供了法律保障。

二、80 年代人口、资源与环境矛盾不断显露,人口战略进入了计划生育阶段

1962—1972 年,中国年平均出生人口 2669 万,累计出生了 3 亿人。1969 年中国人口突破了 8 亿。从 60 年代开始人口与经济、社会、资源、环境之间的矛盾逐渐显露出来。从 70 年代初开始,我国政府越来越深刻地认识到人口增长过快对经济、社会发展不利,决定在全国城乡大力推行计划生育,并将人口发展计划纳入国民经济与社会发展规划,计划生育工作进入了一个新的发展阶段。进入 70 年代,随着计划生育工作的广泛开展和不断加强,出生率开始不断下降,死亡率继续稳定下降,进入 80 年代,国家把实行计划生育、控制人口增长提高到了战略高度,计划生育被确定为一项基本国策,并在《中华人民共和国宪法》中作了明确规定,确立了计划生育工作在中国经济和社会发展全局中的重要地位。进入 90 年代,出生率降低到 20‰以下,到 2004 年已降到 12.3‰。尽管中国人口已经进入低增长时期,未来 20 年人口增长速度还将进一步减慢,但由于庞大的人口基数和增长的惯性作用,人口总量在相当长的时期内仍将保持增长态势。人口总量过大一直是制约中国经济社会发展的重大问题。

三、90年代生态文明建设发展时期，提出可持续发展

随着国际上解决发展问题的"可持续发展"理念的提出，中国共产党积极顺应历史潮流，用开放、长远的战略眼光把可持续发展作为一项战略应用于生态领域，高度重视国家各方面发展的保障——生态环境，并主动吸收发达国家发展过程中破坏生态的经验教训，及时引导经济和生态环境协调发展，注重人与自然的统一，这是我们党对于生态建设思想的又一次提升和发展。1992年江泽民同志在党的十四大上着重分析了经济、人口和资源的关系，并在全国第四次环境保护会议上指出，"经济发展必须与人口、资源环境统筹考虑，不仅要安排好当前发展，还要为子孙后代着想，为未来的发展创造更良好的条件，决不能走浪费资源和先污染后治理的路子，更不能吃祖宗饭断子孙路"。1994年《中国21世纪议程——中国21世纪人口、环境与发展白皮书》的制定和实施，标志着中国可持续发展思想和战略的正式确立。它从中国的具体国情出发，对中国保护资源和环境战略进行了突出与集中阐释，同时也对中国的环境和发展战略与全球环境发展战略的相互协调给予充分关注。另外，中国也高度重视坚持经济、生态和社会三位一体的发展观，坚持以马克思主义发展观为指导，强调要将环境保护的工作交给党政一把手亲自负总责。除了重视环境立法工作，更加关注环境保护的执法监督效果，坚决打击破坏环境的犯罪行为；在转变经济增长方式上改变了以往的高污染、高消耗、低产能的以破坏生态环境为代价的增长方式，转为考虑自然环境承载力和提高资源利用率的集约型增长，同时提高人口质量和素质。自20世纪80年代开始人类社会开始有意识地转向生态文明阶段，即在新的生产力条件下实现人与自然的新的平衡状态。这些实践和理论探索为中国的发展提供了经验和借鉴。1995年中共十四届五中全会明确将可持续发展战略写入《中共中央关于制定国民经济和社会发展"九五"计划和2010年远景目标的建议》，并提出"必须把社会全面发展放在重要战略地位，实现经济与社会相互协调和可持续发展"。这是在中国共产党的文献中第一次使用"可持续发展"概念，亦可称之为中国共产党生态文明理念的萌芽。党的十七大报告中提出科学发展观的核心

观点:科学发展观第一要义是发展,核心是以人为本,基本要求是全面协调可持续,根本方法是统筹兼顾。这标志着中国共产党对人与自然的和谐、生态文明的建设的认识更加科学和深化,要求把大自然的优美和人的自身发展相结合,实现人与自然的和谐统一。2007年党的十七大首次提出要建设生态文明,首次把"生态文明"写入党代会报告,这是中国共产党关于环境和生态发展问题的一次理论升华。党的十七届五中全会指出:把建设资源节约型、环境友好型社会作为加快转变经济发展方式的重要着力点,提高生态文明水平。

四、21世纪初以来生态文明建设的丰富和发展阶段,可持续发展转入美丽中国建设

党的十八大报告将"四位一体"的中国特色社会主义总布局深化为包括生态文明建设在内的"五位一体",十八大以来,以习近平同志为核心的党中央"大力度推进生态文明建设,全党全国贯彻绿色发展理念的自觉性和主动性显著增强,忽视生态环境保护的状况明显改变"。习近平总书记在党的十九大报告中指出:"坚定走生产发展、生活富裕、生态良好的文明发展道路,建设美丽中国,为人民创造良好生产生活环境,为全球生态安全做出贡献。"这既是对中国文明发展道路的高度概括,又是中国共产党给全民族提出的美丽愿景,也是中国共产党人对全世界做出的庄严承诺。党的十九大立足生态文明建设取得的阶段性成果,着眼未来,进一步将"坚持人与自然和谐共生"作为新时代坚持和发展中国特色社会主义的十四条基本方略之一,强调"必须树立和践行绿水青山就是金山银山的理念,坚持节约资源和保护环境的基本国策",做出了加快生态文明体制改革、建设美丽中国的战略部署。2018年中共中央、国务院印发《关于全面加强生态环境保护坚决打好污染防治攻坚战的意见》,对加强生态环境保护、打好污染防治攻坚战做出了全面部署,要求到2035年生态环境根本好转,建设"美丽中国"的目标基本实现。这对生态文明建设提出了更高要求,也指明了进一步发展的方向。美丽中国是社会主义生态文明建设目标,其中不仅蕴含着生态文明建设的基本要求,体现了科学发展观的根本价值指向,而且是我国政府对维护全球生态安全,

促进与推动世界可持续发展做出的庄严承诺和卓越贡献。

第二节 中国与世界的关系及对生态环境的承诺

中国是一个发展中国家,目前面临着发展经济和保护环境的双重任务。从国情出发,中国在全面推进现代化建设的过程中,把环境保护作为一项基本国策,把实现可持续发展作为一个重大战略,在全国范围内开展了大规模的污染防治和生态环境保护。中国一贯主张:经济发展必须与环境保护相协调;保护环境是全人类的共同任务,但是经济发达国家负有更大的责任;加强国际合作要以尊重国家主权为基础;保护环境和发展离不开世界的和平与稳定;处理环境问题应当兼顾各国现实的实际利益和世界的长远利益。

一、中国积极参与环境保护领域的国际合作

作为国际社会的一名成员,中国在致力于保护本国环境的同时,积极参与国际环境事务,积极务实地参与环境保护领域的国际合作,为保护全球环境这一人类共同事业进行了不懈的努力。

中国自1979年起先后签署了《濒危野生动植物种国际贸易公约》《国际捕鲸管制公约》《关于保护臭氧层的维也纳公约》《关于控制危险废物越境转移及其处置的巴赛尔公约》《关于消耗臭氧层物质的蒙特利尔议定书(修订本)》《气候变化框架公约》《生物多样性公约》《防治荒漠化公约》《关于特别是作为水禽栖息地的国际重要湿地公约》《1972年伦敦公约》等一系列国际环境公约和议定书。1987年,联合国环境署在中国兰州设立了“国际沙漠化治理研究培训中心”总部。在环境署的组织下,中国将防治沙漠化、建设生态农业的经验和技术传授到许多国家。1991年6月,在北京召开了由中国发起的41个发展中国家参加的环境与发展部长级会议,会议发表的《北京宣言》阐述了发展中国家在环境与发展问题上的原则立场,对大会筹备做出实质性的贡献。根据联合国环境与发展大会筹委会第一次会议的要求,中国编写了《中华人民共和国环境

与发展报告》,全面论述了中国环境与发展的现状,提出了中国实现环境与经济协调发展的战略措施,阐明了中国对全球环境问题的原则立场,受到了国际社会的好评。中国加强在环境与发展领域的国际合作,1992年4月成立了中国环境与发展国际合作委员会。该委员会由40多位中外著名专家和社会知名人士组成,负责向中国政府提出有关咨询意见和建议。该委员会已在能源与环境、生物多样性保护、生态农业建设、资源核算和价格体系、公众参与、环境法律法规等方面提出了具体而有价值的建议,得到中国政府的重视和响应。1992年6月,时任国务委员、国务院环境保护委员会主任宋健率领中国政府代表团出席了联合国环境与发展大会,时任国务院总理李鹏出席了大会的首脑会议并发表了重要讲话,提出了加强环境与发展领域国际合作的主张,得到了国际社会的积极评价。李鹏总理还代表中国政府率先签署了《气候变化框架公约》和《生物多样性公约》,对会议产生了积极的影响。中国是1993年成立的联合国可持续发展委员会的成员国,在这个全球环境与发展领域的高层政治论坛中一直发挥着建设性作用。中国与联合国亚太经合组织保持了密切的合作关系,并通过参加东北亚地区环境合作、西北太平洋行动计划、东亚海洋行动计划协调体等,对亚太地区的环境与发展做出了贡献。1994年7月,在联合国开发署的支持下,中国政府在北京成功地举办了"中国21世纪议程高级国际圆桌会议",为推动中国的可持续发展做出了贡献。1995年11月,中国发布了《关于坚决严格控制境外废物转移到我国的紧急通知》,1996年3月又颁布了《废物进口环境保护管理暂行规定》,依法防止废物进口污染环境。到1996年,中国已有18个单位和个人被联合国环境署授予"全球500佳"称号。中国与联合国开发署、世界银行、亚洲开发银行等国际组织建立了良好的合作关系。目前,中国在《关于消耗臭氧层物质的蒙特利尔议定书》多边基金、全球环境基金、世界银行、亚洲开发银行贷款的使用和管理上,已经建立起有效的合作模式,对推动中国的污染防治和环境管理能力建设发挥了积极作用。

二、中国承担国际环境责任和义务

在采取一系列措施解决本国环境问题的同时,中国对已经签署、批准和加入的国际环境公约和协议，一贯严肃认真地履行自己所承担的责任。在《中国21世纪议程》的框架指导下，编制了《中国环境保护21世纪议程》《中国生物多样性保护行动计划》《中国21世纪议程林业行动计划》《中国海洋21世纪议程》等重要文件以及国家方案或行动计划，认真履行所承诺的义务。中国政府批准《中国消耗臭氧层物质逐步淘汰国家方案》，提出了淘汰受控物质计划和政策框架，采取措施控制或禁止消耗臭氧层物质的生产和扩大使用。

自2012年起"生态文明"作为一个政策概念就已经被纳入中国的发展规划中。中国承诺在落实气候承诺和全球气候治理中发挥引领作用。自2013年开展大气污染攻坚战以来，中国采取了8项有力措施：发布国家大气污染防治行动计划；限制工业活动和关闭落后生产设施；优化能源结构并制定煤炭消费目标，包括控制和质量标准；加强清洁能源发展和电动汽车发展；制定大气污染控制区域联合管理机制；通过法律手段加强大气污染控制；鼓励公众践行绿色生活方式并举报非法污染活动。中国将呼吁全球继续努力保护环境并促进可持续发展。承诺为应对环境挑战加强经验分享和科技交流。也强调在应对全球气候变化进程中应坚持共同但有区别的责任原则，并表达了坚持多边主义、落实《巴黎协定》以及开展生物多样性保护合作的承诺。

建设生产发展、生活富裕、生态良好的美丽家园，是人类的共同梦想。"中国愿同各国一道，共同建设美丽地球家园，共同构建人类命运共同体。"在北京世界园艺博览会开幕式上，习近平主席再次如此强调。2019年国家统计局发布的数据显示，2018年中国煤炭消费量占能源消费总量比例，首次降至60%以下。清洁能源的比例，提升到22.1%。"全球生态文明建设的重要参与者、贡献者、引领者"，中国实至名归。

第四章　中国特色社会主义生态文明建设存在的问题和对策

中国的生态文明建设经历了从起步到发展成熟和不断完善的过程。中国共产党人从理论和实践两个层面对生态文明建设议题进行了一系列探索,逐步确立了尊重自然、顺应自然、保护自然的生态文明理念,利用自然与保护自然统一的生态文明实现模式,为探索中国生态发展道路奠定了坚实基础。[①] 党的十八大以来,以习近平同志为核心的党中央在推进实践的过程中对于中国生态发展的认识和理解进一步深化。根据《中国共产党章程》可知,中国生态建设要走出一条生产发展、生活富裕、生态良好的生态文明发展道路,这条道路是中国特色社会主义现代化道路的一部分,也是实现中华民族伟大复兴中国梦的科学发展道路。[②]

第一节　中国特色社会主义生态文明建设存在的问题

虽然中国共产党对生态文明建设的认识不断发展,但是中国特色社会主义道路和中国生态文明建设和发展是一项前无古人的伟大事业,其理论和实践探索不可避免存在一些问题和不足,主要表现在以下四个方面:

① 习近平:《携手共建生态良好的地球美好家园》,《人民日报》2015 年 5 月 6 日第 1 版。

② 成长春、徐海红:《中国生态发展道路及其世界意义》,《江苏社会科学》2013 年第 3 期。

一、环境污染、生态恶化的趋势并未根本扭转

目前，我国依然面临着严重的环境和生态问题。在相当长一段时期内，我国经济在诸多方面还未实现由粗放增长型转向质量效益型，有些地区和部门依旧表现出高投入、高消耗、高污染、低产出等特征，唯"GDP"倾向还在一定范围内存在。环境生态问题呈现出一方治理多方破坏、边治理边破坏、治理赶不上破坏的趋势。"十二五"规划实施中期评估报告显示，中国环境污染呈现出污染源多样化、污染范围扩大化、污染影响持久化特征，全国有60%左右的城市空气质量不能达标，能源消费强度、二氧化碳排放强度、能源消费结构、氮氧化物排放量等四个节能环保约束性指标完成进度滞后。过去能源、资源和生态环境空间相对较大，而现在环境和生态承载能力已经达到或接近上限。一方面，中国经济社会发展进入"新常态"，这预示着我国的经济转型之路仍很漫长。而污染治理、生态修复都需要巨额经济投入，周期也很漫长，因此要将已经污染的空气、水、土壤恢复正常，绝非小投入可以做到。[①] 另一方面，落后产能、生态环境问题异地转移、城市产业升级也不同程度带来负面效应。如部分农村成为污染重灾区，重工业西迁使腾格里沙漠变成污染地。就宏观层面来看，雾霾、水污染、气候变暖等全国性问题，无一不是生态恶化的警钟，也将影响整个中华民族的生存发展。

二、颠倒生产发展与生态良好之间的本末关系

将生产发展等同于生活富裕、物质富足，对中国当前的生态发展造成了诸多不良影响。一方面，目前中国的生态发展中有些地方和有些部门将生产放在首位、生态放在末位的现象，颠倒了二者的优先关系，甚至是本末倒置。马克思主义基本原理对于人与自然关系的表述准确而科学：自然生态是生产、生活的物质基础和根本前提，没有良好的生态环境人类将不可能达到生产发展、生活富裕的状态。另一方面，审视社会发

① 成长春、徐海红：《中国生态发展道路及其世界意义》，《江苏社会科学》2013年第3期。

展、人的思想意识领域,可以发现有许多人对于生活富裕的理解仅仅局限于物质富裕。事实上仅有物质富裕不是真正的富裕,更不可能是生活幸福的全部内容。真正的幸福生活是不可能建立在破坏生态、污染环境基础之上的,不可能由直接的物质富裕所带来。由于错把物质富裕当作生活目的,就会把实现物质富裕的目标等同于发展生产,这样就会错把生产发展放在首位,其结果便是生产发展、生活富裕的同时,生态环境遭到了严重的破坏。这种将生产放在首位、忽视生态发展的道路,就其本质而言就是先发展后治理的工业文明发展道路,这种做法是我国一段时期内在生态发展道路上存在的主要问题。①

三、未能正确认识经济、政治、文化、社会和生态建设"五位一体"的总体布局

2017年党的十九大站在历史和全局的战略高度,对推进新时代"五位一体"总体布局做了全面部署。从经济、政治、文化、社会、生态文明五个方面,制定了新时代统筹推进"五位一体"总体布局的战略目标。"五位一体"总体布局是指经济建设、政治建设、文化建设、社会建设和生态文明建设"五位一体",全面推进。"五位一体"总体布局的各项部署,在经济、政治、文化、社会和生态上都有体现,这里"五位一体"是一个系统,系统中的五个部分形成一个整体,整体的各个要素形成一个有机的统一体,它们相互作用、相辅相成,互相咬合着共同推进中国特色社会主义事业。我们不是只谈其中的两个因素的关系,如经济与生态、经济与文化、经济与政治、经济与社会,而是把"五位一体"中的五位放在平等的位置讨论五个平等的主体之间的关系,从而建立一种有效的机制推进相关的工作。现实中,我们的工作和生活往往只强调"五位一体"中的一位、两位、三位或者是四位,其实我们一定是"五位一体",现实中,我们在工作中也可能重点强调经济与生态或者政治与经济等两者的关系,或者是经济、政治、生态三者的关系,或者是经济、政治、社会、生态四者关系,但是这些认识都存在着偏差,"五位一体"是讲五个部分,五个方面的关系在

① 黄娟:《经济新常态下中国生态文明发展道路的思考》,《创新》2016年第1期。

一个系统中循着一定的机制运行的状态。就生态文明而言,“五位一体”的总体布局要求把生态文明融入经济建设、政治建设、文化建设、社会建设各方面和全过程。应该说从“五位一体”的总体布局中更好地体现了可持续发展的理念,整个社会发展是更好推动人的全面发展、社会的全面进步。

四、相关制度和法律不完备,政策执行力不够

在全面依法治国背景下,我国法律和相关制度建设取得了长足的进步,但是就其实践运行来看,相关制度和法律不完备、执行力度等方面均存在不小问题。审视近年来我国生态发展道路不难发现,在生态保护和生态治理方面我们尚未构建起十分完备的制度体系和法律保障。即使有相关环境和生态的法律、制度和政策,也不够系统和完善,且执行力大打折扣现象较为常见,常常是“上有政策,下有对策”;有关执法部门对环境问题听之任之、有法不依、执法不严,使得环境污染、生态破坏问题越来越严重,造成了部分地区环境“已经污染,尚未治理”的尴尬局面。各国发展已经表明,有“法制”不代表有“法治”,执行力不够说明政策制定本身就存在问题。

第二节　中国特色社会主义生态文明建设的对策

中国特色社会主义生态文明建设着力解决中国现代化遭遇的环境污染、资源短缺、发展不平衡等难题。因此,目前中国特色社会主义生态发展道路要以“美丽中国”为愿景和引导,着力点在于全社会培植生态文明理念,转变经济发展方式,推进绿色发展,改革不科学的环境监管体制,推进“五位一体”的生态文明建设,着力解决突出的环境生态问题,不断形成中国特色社会主义生态文明建设道路,以期为人们需要营造良好的自然生态环境,为世界和人类的生态环境做出贡献。

一、立足“美丽中国”发展目标,培育和深植生态文明理念

人的思维观念具有过程性和历史传承性,这决定了文化观念的变革

是最艰难、最缓慢的,因此在全社会培育和深植生态文明理念无法一蹴而就。实践中遇到的问题倒逼我们必须及时调整和创新理念。就生态文明建设而言,其意旨在全社会普遍树立起尊重自然、顺应自然和保护自然的生态文明理念。目前要想实现"美丽中国"的愿景和目标,我们须进一步明确中国生态发展道路的内涵,走生态良好、生产发展、生活富裕的新型生态发展道路。[①] 就其内在逻辑和实现理路而言,需要改变全社会对于生产与生活、物质与精神关系的理解。即以"美丽中国"为引导建设生态文明,突出保护环境和生态首要位置,同时兼顾生产与生活。就具体路径来说,建设"美丽中国"、走中国特色生态文明发展道路,要在全社会树立新型生态文明理念,通过生态文明宣传、教育和引导,将生态伦理内化为人们普遍的道德规范和行为准则,并自觉地付诸生产和生活实践。[②] 因为只有在全社会增强保护环境生态、建设"美丽中国"的意识并将其"外化",全国各族人民才能在中国共产党的领导下坚定不移地走新型生态发展道路,走节约、绿色、低碳发展道路,为建设"美丽中国"贡献力量。

二、转变经济发展方式,夯实绿色、生态发展道路的技术基础

习近平总书记在党的十九大报告中提出要"建立健全绿色低碳循环发展的经济体系,构建市场导向的绿色技术创新体系,发展绿色金融……实现生产系统和生活系统循环链接"[③]。这对中国的发展提出了更高要求,我们必须尽快转变经济发展方式。第一,我们必须舍弃过往的在部分地区和行业中存在的"黑色发展模式",做到既能发展生产又能保证人与自然和谐相处。其实现路径是对经济发展方式进行转型升级。

---

① 黄娟:《经济新常态下中国生态文明发展道路的思考》,《创新》2016 年第 1 期。

② 徐海红:《中国生态发展道路的实现路径》,《盐城师范学院学报》(人文社会科学版)2014 年第 5 期。

③ 习近平:《决胜全面建成小康社会 夺取新时代中国特色社会主义伟大胜利——在中国共产党第十九次全国代表大会上的报告》,http://www.xinhuanet.com//2017-10/27/c_1121867529.htm,访问日期:2019 年 10 月 20 日。

第二，在践行绿色发展理念的基础上，以科学技术发展带动经济发展。重视低碳发展和循环发展，构建科技含量高、资源消耗低、环境污染少的产业结构和生产方式，加快发展绿色产业，同时重视人口、资源和环境等方面的协调，缓解生态环境的压力。[①] 尤其是要发展绿色科技引领全球发展，通过绿色生态科技的开发、应用和推广，为建设“美丽中国”提供必要的技术支撑。

三、面向制度和行动建设的生态文明实践

长期以来，我们在借鉴西方伦理思想的过程中不断地强化生态伦理的道德情境，寄希望于人们道德境界的提升来约束自己的实践行为，从而建设生态文明社会，这种价值观导向客观上忽略了生态文明理论的制度建设和行动框架研究，致使生态文明理论无法落实到现实生活中，难以起到规范人们实践行为的作用。

考察以往我国生态环境保护中存在的一些突出问题，大都与体制不完善、机制不健全、法治不完备有关。要想根本解决中国的环境生态问题，需要制定和实行最严格的源头保护制度、损害赔偿制度、责任追究制度、完善环境治理和生态修复制度，用制度将可能对中国未来环境造成的伤害降到最低，为尽快建设“美丽中国”提供坚实的保障。同时，还要加强生态文明考核评价制度建设，把资源消耗、环境损害、生态效益等体现绿色发展和生态文明的指标纳入经济社会状况和政绩评价体系，改变唯 GDP 的旧观念，确立绿色 GDP 的新理念，坚决实行环保一票否决制；相关部门也要切实贯彻执行环境生态相关制度，严格执法，只有这样才能为中国生态道路提供制度保障。[②] 总之，健全制度设计、完备法律才能使建设美丽中国和生态文明发展有保障。生态文明的研究要强调制度和行动建设，不仅对实施可持续发展战略给予一种理论阐释，而且它所制定的人类道德的新原则和规范也为人类的可持续生活提供了新的行

① 叶海涛、田挺：《绿色发展理念的生态马克思主义解析》，《思想理论研究》2016 年第 6 期。

② 刘思华：《中国特色社会主义生态文明发展道路初探》，《马克思主义研究》2009 年第 5 期。

为模式。而在地区利益、民族利益的协调方面,则应着力建立相应的环境保护和环境治理政策与法规,以便合理分配和使用自然资源,规范不同地区、不同人群之间在追求自身发展和自身利益过程中的实践行为,制定以实现人和自然和谐发展为目的的绿色发展模式、发展道路,使生态文明真正落到实处。

鉴于生态系统的公共性特点,强化政府的责任机制在生态文明建设中显得更为必要和重要。在生态文明建设中,政府的责任主要是建立一种新的制度框架,通过建立一整套的经济循环激励机制,使发展循环经济的外部效益内部化,激励经济循环发展。要建立适应可持续发展的良性生态系统,不仅要治理已污染的环境,而且要从源头上培育良好的生态环境。政府不仅要对市场的生态负责任,还要承担对自然的生态责任,此外,政府还要引导国民经济布局,建立新的区域划分体系,以保证环境利益享有的公正性。

许多国家生态文明建设的经验表明,大众行动能力的提升是生态文明早日实现的重要前提和根本保证。为此中国必须建立涉及公众环境权益的发展规划和建设项目的公众听证制度,保障公众的环境知情权、监督权和参与权,扩大环境信息公开范围,发掘和培育地方与民众对环境保护和生态文明建设的主动性、自觉性和推动性。加强资源和环境保护的宣传与教育,培育民众的环境意识,树立正确的消费观和发展观,使我国的生态文明建设有一个良好的公众行动能力的支撑。

四、推进“五位一体”的社会主义生态文明建设

生态文明是人类社会发展的重要前提,也是人类社会文明发展的重要形态。生态文明建设与物质文明建设、精神文明建设、政治文明建设、社会文明建设相得益彰,形成“五位一体”的局面,共同推进社会主义生态文明建设。生态建设是经济建设、文化建设、政治建设和社会建设的基础,因此应当把生态文明建设放到与物质文明、精神文明、政治文明和社会文明建设的同等重要位置和高度来建设。物质文明、精神文明、政治文明和社会文明为生态文明建设提供坚实的物质基础、强大的智力支持、科学的制度保证和重要的社会基础。物质文明、精神文明、政治文明

和社会文明分别体现着生态文明的物质、精神、制度和社会和谐的成果，生态文明所创造的生态环境、生态观念、生态制度又为物质文明、精神文明、政治文明和社会文明提供必不可少的生态基础。五大领域的建设密切联系，只有形成合力才能有效地推进社会主义生态文明的建设。

五、增强国际交流与合作，探索中国生态发展道路新模式

纵向来看，中国是后发型国家，发达资本主义国家都比中国更早实现了工业化，其环境生态问题的出现和治理都比中国早，它们的环境生态治理经验值得我们借鉴和学习。中国应该以一种全球性的视野、包容互鉴的心态对待别国走过的生态治理和环境保护之路，避免重蹈覆辙。[①]横向来看，中国作为地球的一员，建设"美丽中国"中内含着对"美丽地球"应有的贡献，这决定了中国的生态发展必须以"世界眼光"和"世界胸怀"来对待生态文明问题。[②] 在现代社会，人类所面临的环保问题只有超越国境、民族，集结智慧，通力合作，才能解决。因此，中国不仅要在借鉴别国生态治理经验的基础上，坚持全民共治、源头防治，建立市场化、多元化的生态补偿机制，在坚持党领导一切的基础上构建政府为主导、企业为主体、社会组织和公众共同参与的环境治理体系，着力解决突出的环境问题。还必须积极参与全球环境治理，落实减排承诺，以环保合作、环保教育为基础构筑共生地球的生态基础。只有这样，我们才能在全球化时代走出一条中国特色的生态发展道路，为建设"美丽中国"和"美丽地球"提供中国方案，贡献中国智慧。

---

① 邹冠秀、王连芳：《科学发展观视域下绿色发展理念的先进性探析》，《太原师范学院学报》(社会科学版)2012年第1期。

② 张文斌、颜毓洁：《从"美丽中国"的视角论生态文明建设的意义和策略——从党的十八大报告谈起》，《生态经济》2013年第4期。

结语

目前,我国社会正经历从工业文明向生态文明的转向,要想实现前一种文明向后一种更高级的文明的转型升级,完成社会形态从量到质的转变,我们必须对自身行为做出恰当的约束,将我们的实践活动控制在合理的范围内,不以破坏环境为代价来换取发展。改革开放以来,中国共产党全国代表大会历次会议都始终重视环境保护和生态文明建设,党的十七大和十八大报告提出了建设生态文明的宏伟蓝图。十九大提出要建设“美丽中国”,指出:“建设生态文明是中华民族永续发展的千年大计。必须树立和践行绿水青山就是金山银山的理念,坚持节约资源和保护环境的基本国策,像对待生命一样对待生态环境。”由此可见,从重视环境保护、计划生育政策实施到提出可持续发展战略、构筑美丽中国的愿景和人口政策的调整,中国共产党在推进中国特色社会主义发展的伟大实践中,不断丰富和深化对生态文明理论和道路的认识。目前建设美丽中国已经成为中国生态的未来发展方向,这标志着中国的环境保护和生态文明建设进入了新的历史发展时期。

长汀县生态文明建设概述

生态文明建设是我国经济、政治、文化、社会、生态“五位一体”建设格局的重要组成部分。随着社会经济的快速发展，环境污染日益加重，生态环境问题愈来愈受到人们的重视。长汀是一个在生态文明建设，特别是水土流失治理上，取得重要成效的县域，是“南方水土流失治理的典范”。学习长汀经验，对推进我国生态文明建设、造福人类具有重要意义。

第一章 长汀县生态环境概况

长汀县，是闽、粤、赣三省交界之处的要冲，福建的边远山区。全县有200多处新石器遗址，是福建新石器文化发祥地之一。汉代置县，唐开元二十四年(736年)建汀州，成为福建五大州之一。自盛唐到清末，长汀均为州、郡、路、府的治所。现在的长汀是海峡西岸经济区的重要组成部分，是著名的革命老区和国家历史文化名城，与湖南凤凰一起被国际友人路易·艾黎誉为“中国最美丽的山城之一”，融自然景观和人文景观于一体。

第一节 长汀县自然地理环境概况

一、地理位置

长汀地处福建省西部，武夷山脉南段，为闽赣两省的边陲要冲，位于东经116°00′45″～116°39′20″，北纬25°18′40″～26°02′05″之间，东西宽66公里，南北长80公里。北与宁化相接，东北接清流，东邻连城，南毗上杭，西南连武平，西和西北与江西赣南交界。

二、地质地貌

长汀县地质构造具有华夏系构造、新华夏系构造、旋扭构造、南北向构造和东西向构造等形迹存在，尤以新华夏系构造最为广泛。华夏系构造有长汀向斜、七古背斜和日东褶断带,系由北东走向的复式褶皱带和压性、压扭性断裂带及挤压破碎带、片理带、变质带组成。长汀县属闽西南上古生代覆盖层低山丘陵地貌,可分为中山、低山、丘陵、盆地、阶地五个类型。以低山为主,低山、丘陵占全县总面积71%,一般海拔高程400～600米。

三、气候条件

长汀县属中亚热带季风气候,夏季盛行偏南风,冬季盛行偏北风,垂直气候明显,干湿两季分明,年均气温18.4℃,高于等于10℃的年总积温为5872.5℃左右;区内雨量充沛,多年平均降雨量1716.4毫米。

四、水系水质

长汀县主要有三大流域:汀江、闽江、赣江。其中,汀江是福建省唯一的省际河流,是龙岩市最大的河流,也是长汀县境内最主要的河流。汀江主干流流经长汀县9个乡镇,61个村,境内流域面积2603.7平方公里,境内河长153.7公里,占全长的66.8%;汀江境内流域支流主要有铁长、郑坊、刘源、南山、涂坊、濯田等河流。闽江流域为童坊河、陈莲河;赣江流域为古城河。全县多年平均径流深950～1150毫米,平均值为1020毫米,年径流量31.54亿立方米。年际变化大,变幅可达3.3倍。年内分配不均,3—6月份径流量占全年的73%。全县地表水环境质量良好,汀江上游十里铺省控断面、下游陈坊桥省控断面、美西大桥县际交接断面水质均能达到其执行的Ⅱ类、Ⅳ类、Ⅲ类水质标准;古城河黄泥潭大桥省际交接断面、闽江童坊河出境水质均能达到其执行的Ⅲ类水质标准;全县控制断面水质达标率100%。饮用水源郑坊河正方水库的水质达地表水Ⅱ类标准,水厂出水水质符合国家饮用水标准,饮用水达标率为100%。

五、土壤条件

长汀县土壤有红壤、黄壤、紫色土、石灰岩、草甸土、潮土、水稻土七个土类，四十六个土属，其中红壤为境内主要土壤资源，分布广，面积大，占土地总面积的79.8%。根据成土母岩不同沉积岩红壤主要分布在新桥、大同、策武、南山、涂坊、宣成等乡镇；变质岩红壤主要分布在四都、童坊、铁长和庵杰等乡镇，酸性岩红壤分布在河田、三洲、濯田、红山及南山镇松毛岭。在汀中水土流失严重的地方，土壤肥力低。

六、植被条件

境内植被多为低山丘陵温和常绿甜槠照叶林，由于长期受人为影响，原始植被多遭破坏，现有植被主要有马尾松、灌丛以及荒草坡等次生植被和人工植被。马尾松林广布于海拔900米以下的丘陵和山区。植被的水平分布中部丘陵地区以马尾松中幼林为主向四周扩展，水土流失严重的中部丘陵区植被以次生马尾松老头林为主，向四周扩展出现针阔混交林、常绿阔叶林。林下植被多为芒萁和少量喜暖中旱性灌木（小叶赤楠、黄瑞木、石斑木、卡氏乌饭等），果园为近年发展的杨梅、水蜜桃、板栗和早酥梨等为主。

七、自然资源

长汀资源丰富，主要矿产资源包括：金属矿有稀土、钨、铁、锡、金、银等，其中稀土储备量居全省之首；非金属矿有石灰石、白云石、大理石、辉绿石、玄武石、高岭土、叶蜡石，钾长石、硅质石、黄铁石、磷矿、煤等，其中高岭土、花岗岩、辉绿石、玄武石、钨矿等资源较为丰富，有较好的开采和利用价值。林地面积17.87万公顷，林木蓄积量1000多万立方米。全县可开发水资源10万千瓦，水资源开发潜力巨大；境内地下水资源和地热资源丰富，河田温泉属国内罕见，温度高达80℃，日流量达4000吨以上。

第二节　长汀县人文社会环境概况

一、社会概况

长汀县土地面积3104.16平方公里(其中山地面积388万亩、耕地面积30.7万亩),属福建省第五大县。县辖11个镇、7个乡:汀州镇、馆前镇、河田镇、大同镇、古城镇、新桥镇、童坊镇、南山镇、濯田镇、四都镇、涂坊镇、三洲乡、策武乡、铁长乡、庵杰乡、宣成乡、红山乡、羊牯乡,9个居委会、290个村委会。全县总人口55万人,其中农业人口35.4万人,现在有汉族、蒙古族、回族、藏族、维吾尔族、苗族、彝族、壮族、布依族、朝鲜族、满族、侗族、瑶族、白族、土家族、哈尼族、傣族、黎族、畲族、哈萨克族、俄罗斯族、鄂伦春族、高山族、水族、纳西族、土族、撒拉族、仡佬族、锡伯族、阿昌族、羌族、塔吉克族、京族等民族分布。

二、基础设施

长汀区位优势明显,水、电、路、通信等基础设施日趋完善。龙赣铁路、龙长高速公路、319国道和省道洋万线在城区交汇,直达赣、湘、鄂、川和福建各地,承西启东的交通枢纽作用日益突出。长汀至厦门港350公里,距连城机场81公里,长汀至广州、深圳当天可达,特别是长汀至京九铁路140公里,龙赣铁路与京九铁路相接,已开通"铁海联运",2006开通了龙岩直达北京的"海西号",长汀至北京只要23个小时。龙长高速公路与福、厦、漳、泉相通,这使长汀成为闽南、粤北与内陆省份商品流通和经济走向的"黄金通道"。2016年4月起,长汀到厦门对开的动车正式开通,大大加快了与汀厦两地的联通。

三、经济发展

长汀县土地总面积464.58万亩,其中林业用地面积373.5万亩,占全县土地总面积的80.4%；耕地面积43.38万亩，占9.34%；牧草地面积0.24万亩，占0.05%；园地面积8.28万亩，占1.78%；水域面积7.85万亩，占1.69%；未利用地面积21.15万亩，占4.55%；居民及交通等用地面积10.16万亩，占2.19%。全县人均土地面积9亩，人均耕地面积0.9亩。

2020年全年预计（下同）完成地区生产总值311亿元，财政总收入14.59亿元。城镇居民人均可支配收入28681元，农村居民人均可支配收入17812元。全县经济社会呈现高质量发展的良好态势，2017—2020年连续四年荣获“福建省县域经济发展十佳县”称号。

四、历史文化

长汀县是福建省古代文明的发祥地之一，是福建省五个国家级历史文化名城中唯一一个县级城市，具有丰富的古城特色和独特的文化传统，在历史文化、客家文化和红色文化方面，长汀均占有独特地位。

1. 国家历史文化名城

长汀县，历史上称汀州。汀州历史悠久，从唐代至清朝末年的1000多年间，长汀县城一直是州、郡、路、府的所在地。据《永乐大典》《汀州府志》记载，长汀置县始于汉代。西晋太康三年（282年）设新罗县；唐代开元廿一年（733年）设长汀州；开元廿四年以汀江为名改为汀州，辖长汀、黄连（即宁化）、龙岩三县；天宝元年（742年）改称临汀郡，辖长汀、宁化、上杭、武平、清流、连城六县。元朝为汀州路，仍辖六县；明、清两代，设置汀州府，管辖长汀、宁化、上杭、武平、连城、清流、归化、永定八县。民国二年（1913年）废府制，设立汀漳道，后又改为第七行政督察区。1950年后隶属龙岩管辖。汀江，为福建四大水系之一。因它的流向从北向南，按八卦方位，称为丁水，丁水加上水成为汀，而得汀江。汀江在宋代就得到了开发，由于汀江航道的开辟，沟通了内地汀州与沿海城市的经济往来，到明清时期，汀江上曾出现“上三百、下三千”的航运繁忙景象。汀州城成为水上交通枢纽、闽粤赣三省边界的物资集散地、商业贸易中心。悠久的历史留下了许多珍贵文物，1994年被国务院公布为第三批国家历史文化名城。

2. 世界客家首府

长汀是客家人的发祥地和集散地,先民从中原辗转而来,在长汀与本地居民在生产生活中相互影响、相互融合,形成了独具特色的客家民俗文化、客家服饰文化、客家建筑文化、客家风土文化和客家饮食文化,众多的客家人在这里繁衍生息,并走向五湖四海,创造了极其辉煌的业绩。因古代汀州所辖八县均是福建省的纯客家县,故汀州城被称为“八闽客家首府”,汀江也被誉为“客家母亲河”。至今,仍有许多海内外客家知名人士来到长汀寻根谒祖。

3. 中国革命圣地

长汀是全国著名的革命老区和红军长征出发地之一。第二次国内革命战争时期,长汀不仅是中央苏区的重要组成部分,而且是中央苏区的经济、文化中心,素有“红色小上海”之美誉。毛泽东、刘少奇、朱德、周恩来等老一辈无产阶级革命家曾在这里进行过伟大的革命实践,党的早期领导人瞿秋白、何叔衡在长汀英勇就义。第一个福建省苏维埃政府、中共福建省委、省军区等机构设在长汀,使长汀成为福建革命运动的政治、军事中心,被誉为“红军故乡、红色土地和红旗不倒的地方”。长汀人民为中国的解放、人民的幸福付出了巨大的代价,在册的烈士就有6700多名,涌现了将军共43名,其中上将1人,中将1人,少将11人。目前,全县有革命基点村34个(含自然村),分布在四都、古城、河田、涂坊等4个乡镇9个行政村,尚有革命“五老”人员316人,其中老游击队员172人,老交通员56人,老接头户46人,老苏区干部42人。在战争年代的峥嵘岁月里,长汀人民为中华人民共和国的建立做出了巨大牺牲和重大贡献,也给我们留下了丰硕的“红色”精神财富。

第三节　长汀县水土流失问题概况

水土流失(也被称为侵蚀作用或土壤侵蚀)是自然界的一种现象,是指地球的表面不断受到风、水、冰融等外力的磨损,地表土壤及母质、岩石受到各种破坏和移动、堆积过程以及水本身的损失现象,包括土壤侵蚀及水的流失。狭义的“水土流失”是特指水力侵蚀地表土壤的现象,使水土资源和土地生产力受到破坏和损失，影响到人类和其他动植物的生存。人类对土地的利用，特别是对水土资源不合理的开发和经营，使土壤的覆盖物遭受破坏，裸露的土壤受水力冲蚀，流失量大于母质层育化成土壤的量，土壤流失由表土流失、心土流失而至母质流失，终使岩石暴露。

20 世纪 80 年代，长汀曾与陕西长安、甘肃天水并列为我国三大最严重的水土流失区，水土流失面积占县域面积的 31.5%。长汀大规模治理水土流失自 20 世纪 80 年代中期开始，1985—1999 年，共治理水土流失 45 万亩，有效减轻了洪涝灾害。从 21 世纪初开始，长汀的水土流失治理工作开始全面推进，从 2000 年开始，福建省将长汀县百万亩水土流失综合治理列入省政府为民办实事项目。长汀县委县政府紧紧抓住这个机遇，以水土流失治理作为长汀生态文明建设工作全面铺开的起点，带领长汀人民打响了新世纪生态文明建设的攻坚战。

一、水土流失的基本状况

长汀以河田为中心的水土流失历史长、面积广、程度重、危害大，居全省之首。1940 年就有记载："四周山岭，尽是一片红色，闪耀着可怕的血光。树木，很少看到！偶然也杂生着几株马尾松，或木荷，正像红滑的癞秃头上长着几根黑发，萎绝而凌乱。在那里不闻虫声，不见鼠迹，不投栖息的飞鸟，只有凄惨静寂，永伴着被毁灭的山灵。"据 1985 年遥感普查，全县水土流失面积达 146.2 万亩，占国土面积的 31.5%，土壤侵蚀模数达每年每平方公里 5000～12000 吨，植被覆盖度仅 5%～40%。"山光、水浊、田瘦、人穷"，"柳村无柳，河比田高"是当时以河田为中心的水土流失区生态恶化、生活贫困的真实写照。1999 年的土壤侵蚀遥感调查结果表明，全县土壤侵蚀总面积为 73768 公顷，占全县土地总面积的 23.82%，强烈以上面积占侵蚀总面积的 27.06%，水土流失面积仍相当大。据 2012 年年底遥感监测，全县土壤侵蚀面积仍有 45.12 万亩，约占全县土地总面积的 9.7%，土壤侵蚀以中轻度侵蚀为主，占全县土壤侵蚀总面积的 82%，强烈以上面积占侵蚀总面积的 18%。经过长期坚持不懈地水土流失治理，强烈以上流失面积在缩小，生态环境已有明显好转，但是,水土流失问题仍是严重制约长汀生态环境和社会经济可持续发展的重要因素。

二、水土流失的主要特点

1. 水土流失程度重,并且比较集中连片

长汀县水土流失区主要集中分布在汀江流域的两岸,包括河田、三洲、策武、濯田、涂坊、南山、新桥和大同等八个乡镇,其水土流失面积占了全县水土流失总面积的 82.25%,大部分水土流失地呈集中连片分布的特点,这是长汀县今后开展水土流失治理的重点区域。

2. 林地水土流失普遍存在

经过多年的水土流失综合治理,以河田为中心的水土流失区域的林地得到休养生息,地表植被覆盖率明显提高,严重的水土流失得到初步的遏制。但在汀中南部的河田、三洲、策武、濯田、涂坊、南山和新桥等乡镇,仍有大片的林地,由于土壤条件差,林分结构简单,树种组成单一,多数以马尾松和芒萁为主,马尾松中幼纯林,生长差,造成林下水土流失现象普遍存在。在分布上现有水土流失地大部分分布在交通不便、坡度较陡、立地条件较恶劣的坡地上,治理难度高、治理成本加大。原有的水土保持治理成果仍需进一步强化巩固提高,才能使"汀江源"生态环境得到持续改善,真正实现绿水青山的目标。

3. 水土流失多分布在丘陵区

汀江流域两岸的丘陵地带是城镇和村庄分布的密集区,这里人口众多,人类生产生活的活动频繁,对森林资源和土壤资源的开发利用率高,造成汀江两岸的生态环境极其脆弱,水土流失最为突出。

4. 坡耕地水土流失比较严重

据统计,长汀县的水土流失绝大部分分布在海拔 200～500 米的丘陵地带,占水土流失总面积的 82.14%。由于该海拔地带人为活动最频繁,土地开发利用强度大,果园与坡耕地相对集中,且都是斜坡和陡坡,水土流失面积大。长汀县水土流失主要分布在陡坡和斜坡地上,分别占水土流失总面积的 40.28%和 36.03%。其余依次为缓坡、急坡、平坡和险坡地,分别站水土流失总面积的 9.52%、8.57%、4.58%和 1.02%。

由此可见，坡耕地造成的水土流失相对比较严重。

5. 崩岗侵蚀严重

崩岗侵蚀造成的水土流失是长汀县的一大特色，长汀县目前仍有3583个崩岗存在不同程度的侵蚀，占全省崩岗总数的13.77%，仅次于安溪县，造成崩岗面积727.91公顷，主要分布在河田、三洲、濯田、南山、大同等乡镇。大部分崩岗侵蚀都处于活跃期状态，表现为强烈以上的水土流失，崩岗分布较集中的区域侵蚀模数可高达每年每平方公里15000～30000吨。造成山体切割形成支离破碎的沟壑，产生大量的泥沙被迅速带到下游，埋压农田，淤浅河床，威胁村庄安全，水土流失危害对生态环境影响极其严重。

三、水土流失的主要成因

长汀县之所以会形成严重的水土流失问题，一方面是由于容易引发水土流失的自然因素，另一方面是由于社会因素，主要源于社会动荡，促于缺煤少电，成于群众砍伐。

1. 自然因素

自然因素是导致水土流失的内在因素，一是母岩结构松散，保水保肥能力差，分散度大，抗蚀能力低，易发生水土流失。策武、南山、涂坊、新桥、汀州、大同等地分布沉积岩、变质岩，其水土流失虽然分布广、面积大，但程度较轻，崩坍、崩岗现象较花岗岩地区少、危害小，强度流失面积比例较小，山坡滞留沙砾粒径小。河田、濯田等地分布花岗岩，其水土流失特点与上述地区相比有明显的区别。花岗岩的组成以石英为主，钾长石次之，含少量的黑云母。石英、钾长石粒径较大，一般为中粗粒。这种岩石的性质，加上亚热带季风气候热量丰富、雨量充沛的特点，在年内暴雨—干旱周期的作用下，风化作用十分强烈。花岗岩的风化壳厚一般在10米左右，有的厚达上百米，深厚的红色风化层为土壤的形成和发育提供了有利条件，但在植被破坏的情况下，也同时为水土流失提供了丰富的物质基础，母岩石英成分多，钾长石、黑云母风化后，剩下难以风化的石英沙粒，因而深厚的风化层结构松散，易受侵蚀。此外，花岗岩多组节理发育，部分地区还发育着垂直节理的密集带，这些节理在强烈的风化作用下,促进裂隙的形成和扩展,使土体处于更加不稳定状态,在水力和重力的共同作用下,崩坍、崩岗和各类型的侵蚀沟极易产生。花岗岩红壤,含沙量一般物理性沙粒大于0.01毫米的在50%以上,结构松散,保水保肥能力差,分散度大,抗蚀能力低,加剧了水土流失。二是降雨分配不均,易造成植被滑坡,形成水土流失。长汀县多年平均降雨总量1716.4毫米,然而,年内分配很不均匀,4—6月份的降雨量为854.7毫米,占全年降雨总量的49.78%;大于等于50毫米的雷暴日数多年平均4.5日,集中在4—6月份的雷暴日数达3.1日,占全年雷暴日数的68.9%;加上旱情严重,如1979年最长旱期达110~120天,形成了年内暴雨—干旱周期,同时在温差的作用下,母岩风化十分强烈。因此,每逢降雨,失去植被的坡面,径流夹带大量泥沙下泻,形成水土流失,造成极大危害。

2. 人为因素

一是近代历史上遗留的产物。历代大小战争连续不断,这些都给植被的破坏带来了不可估量的损失。清代王朝镇压太平天国的战争,给植被的破坏带来不可估量的损失,随后历史上封建宗派的林权纠纷频繁,互相抢伐林木资源,纵火烧山时有发生,致使山林逐渐被毁之殆尽,大片茂密山林也逐步演化为灌草迹地。国民党统治时期,连年战争,兵荒马乱,群众无心管理山林。1934年,国民党反动派对中央苏区进行第五次大"围剿",进驻河田开公路、筑碉堡,大量砍伐林木充做"军资",致使残存的山地植被遭到极其严重的破坏。二是1949年以来,由于受"左"的影响,水土流失不断加剧。党和人民政府对水土保持工作十分重视,在防治水土流失方面做了大量的工作。但是,由于政策不落实、规划不全面、措施不得力,对造成水土流失容易、恢复难的特点认识不足,不能很好地按自然规律和经济规律办事。据调查,1958年"大跃进",大量砍伐林木烧炭炼钢铁,致使森林资源遭到了严重破坏;"文化大革命"期间,群众乱砍滥伐,在这期间水土流失发生、发展为19.9146万亩,占流失总面积的18.61%;特别是在农业学大寨,向山要粮、开山造田的运动中,形成和发展了乱垦滥种的现象,1977年后水土流失发生、发展为12.8238万亩,占流失总面积的11.98%,主要在落实山林权政策的交叉阶段,群众对林业政策产生误解,有不少人趁机大量砍伐林木,造成了不应有的损失。三是人口剧增，能源紧缺。长汀县客观上缺煤少电，农村能源短缺、单一，历史上直到现在农村能源的消耗，主要是来自山上的植被资源。1949年末全县人口仅有19.9754万人，至1982年末期人口增到38.0362万人，翻了一倍。就燃料专项计算，山区每人平均消耗柴片等燃料折合3立方米，半山区、丘陵平原地区1立方米，如按每人每年平均1立方米计算，除城关地区3.9380万人烧煤，则目前每年全县共消耗柴片等燃料34.0982万立方米，是中华人民共和国成立初期19.9754万立方米的1.7倍。四是农业耕作措施不当。以前群众乱垦滥种，加上山区土杂肥料来源短缺，铲草皮、山皮烧火土的现象十分普遍。据1963年卢程隆等人在河田上、中、下街等七个大队粮作耕种面积的41.4%的农户做调查，其肥料来源主要靠铲草皮、烧山土灰，每年需在山坡上铲、烧面积约800～1000亩。这种现象在边远山区至今仍时有发生。五是乱采土石沙料，破坏地形地貌。长汀县因矿山基建等所造成的水土流失虽然不很严重，但其分布广、处点多、危害大、影响坏。沿汀江河多处有因基建、采矿、挖煤或工厂生产，把大量的废土、废石、废沙、废水及煤渣等倾入河流，威胁水资源的利用，淡水渔业的发展，造成生态环境恶化。

四、水土流失的严重危害

严重的水土流失，导致农业生态环境日趋恶化，山地植被稀疏，表土冲刷殆尽，沙砾满坡，崩切沟交错，土壤有机质含量低，干热化程度异常，植被难以自然恢复；群众的燃料、饲料、肥料、木料极其缺乏；同时，造成溪河阻塞，河床抬高，山塘水库淤积，径流量下降，不仅影响了水上交通航运和渔业生产，而且易涝易旱，灾害频繁，严重威胁了水土资源的永续利用，妨碍了工、农业生产，影响了人民生活水平的提高。

1. 生态环境恶化，旱涝灾害频繁

由于严重的水土流失，山地材料遭到破坏，地表裸露，农土冲刷，粗沙残存，增加了对太阳红外线的吸收，致使气温升高，蒸发量增大。如处于本县水土流失区中心地带的河田，山坡地表温度高达68.2℃，昼夜温差高达16.9℃，没有植被的裸地地温比有植被的地温高出7～8℃之多，平均气温也比相邻地区的城关高出0.9～1.0℃(按海拔递减率计算河田只应是高出城关0.25～0.30℃)。生态环境的严重恶化,造成旱片涝区不断扩大,不能旱涝保收,其恶果是不难想象的。

2. 表土被冲刷,土壤肥力不断下降

由于严重的水土流失,表土层被冲刷残存,有的不仅表土(A层)不复存在,甚至出露土壤的淋溶层(B层)或母质层(C层)。水土流失区的山地有机质含量平均不到1%。据河田水东坊1984年8月17日在河田镇镇图号171号抽样土化分析,平均有机质含量为0.15%,氮含量为0.012%,磷含量为0.022%,钾含量为4.83%。山地土壤旱瘠矛盾十分突出,导致不少山地植树不长,种草难生,妨碍了土地资源的永续利用、影响了多种经营的大力发展。

3. 水冲沙压,毁坏农田,影响了农业生产

由于严重的水土流失,每逢降雨,大量的泥沙随水沿坡下泻,冲毁农作物,泥沙压盖农田。据1976年《长汀县国民经济统计资料》,6月5日降雨113.3毫米(城关地区),全县受淹面积达7.0879万亩,受灾农户达2747户,冲毁且无法垦复的农田883亩,被泥沙压盖且无法垦复599亩。而1996年"8·8"洪灾,受灾人数达29.6万人,死亡96人,重轻伤388人,淹没农田5500亩,直接经济损失达12.56亿元。长此以往,致使宝贵的耕地资源不断减少,直接影响了农业生产。

4. 江河阻塞,水库淤积,影响了汀江流域的开发利用

由于严重的水土流失,大量的沙砾泥土泻入江河,致使江河阻塞,河床不断抬高,径流量不断下降。据县志记载,20世纪50年代,汀江河长汀境内航道95.5公里,航船500条左右,现无法通航,这主要是剧烈的水土流失淤塞河道所致。同时由于泥沙泻入库渠,给各项水利设施带来严重威胁,不少山塘水库大量淤积。

5. 经济结构简单,人民生活贫困

严重水土流失,造成生态环境恶化,限制了区域的生产门路,形成单一的农业生产。当地民谣称:"长汀哪里苦,河田加策武","头顶大日头,脚踩沙孤头,三餐番薯头"。

第二章　长汀县生态文明建设历程与成长

长汀的水土流失治理历经了漫长的历程，与人类对自然的认识过程一样，其水土流失的治理过程也经历了由被动适应到主动改造的过程。在较早的发展时期，人们认识自然、改造自然的能力有限，对自然界处于一种靠天吃饭的依附状态，没有系统的有意识的水土保持工作，没有专门的水土保持机构，任凭水土自然流失。只是在受到水土流失危害的地区，劳动群众在生产实践中进行了局部的经验上的探索。随着水土流失日益加剧，生态环境的恶化已制约了人类的生产活动，影响了人民生活水平的提高，水土流失问题逐渐为人类所认识，开始有意识地进行水土保持，并逐渐形成政府主导的治理行为。

第一节　水土流失的治理历程

长汀最早的水土保持工作始于 1940 年，当时的福建省研究院在河田设立了“土壤保肥试验区”。这是全国最早的 3 个水土保持研究机构之一，主要工作是进行沙的控制、水的控制、植被的恢复、荒山荒地集约利用及土壤肥度的增进等五个方面的研究。但在 1949 年以前，主要是做了一些基础性研究工作和面上治理的初步探索，投入不大，收效甚微。

中华人民共和国成立后，历届福建省委、省政府高度重视长汀水土流失治理工作。从 1949 年 12 月成立“福建省长汀县河田水土保持试验区”开始到 1983 年，长汀县对水土流失进行了初步治理和治理模式的探索，取得了一定成效。其间，遭遇了“大跃进”和“十年动乱”的挫折时期，初步治理的成果遭受了严重损失。政府的水土保持工作在 20 世纪 50

年代由水利部门负责,做了一些调查和治理工作。1962年成立了长汀县河田水土保持站,负责河田的水土保持研究和治理工作。1963年,长汀成立水土保持委员会,由副县长和各委办负责人组成,下设办公室。1966年,长汀水土保持办公室与农办合署办公。“文化大革命”期间,水土保持机构撤销,水土保持工作无人专管。改革开放后,1980年11月长汀水土保持站率先恢复。

1983年,时任福建省委书记的项南同志到河田视察水土保持工作时总结出《水土保持三字经》:“责任制,最重要;严封山,要做到;多种树,密植好;薪炭林,乔灌草。防为主,治抓早;讲法治,不可少;搞工程,讲实效;小水电,建设好;办沼气,电饭煲;省柴灶,推广好;穷变富,水土保;三字经,永记牢。”在他的推动下,省委、省政府把长汀列为全省治理水土流失的试点,开始动员组织群众上山治理水土流失,拉开了大规模的水土流失治理的序幕。

1986年,水利部把长汀河田列为南方小流域治理示范区,国家林业、水保、农业、扶贫、国土、财政、发改等有关部委和省直有关部门也从政策、项目、资金等各个方面予以倾斜、扶持,展开了大规模的水土流失治理攻坚战,取得初步成效。据1999年的遥感调查,全县水土流失面积降为110.65万亩,占全县土地总面积的23.82%,强烈以上面积占侵蚀总面积的27.06%,水土流失面积仍相当大。

1999年和2001年,习近平同志先后两次专程到长汀视察、指导水土流失治理工作。在2001年视察的时候,习近平同志做出了“再干8年,解决长汀水土流失问题”的批示。在他的亲自倡导和关心下,省委、省政府从2000年开始将长汀水土流失治理工作列入为民办实事项目之一,每年由省直有关部门筹集1000万元、市直有关部门配套200万元用于水土流失治理。从此,长汀水土流失治理迈上规范、科学、有效的道路,经过长期坚持不懈地水土流失治理,强烈以上流失面积缩小,生态环境已明显好转。据2012年年底遥感调查,全县水土流失面积降为45.12万亩,约占全县土地总面积的9.7%,土壤侵蚀以中轻度侵蚀为主,占全县土壤侵蚀总面积的82%,强烈以上面积占侵蚀总面积的18%。

2011年12月10日,习近平同志对《人民日报》发表《从荒山连片到花果飘香——福建长汀十年治荒,山河披绿》文章做出“请有关部门深入调研，提出继续支持推进的意见”的重要批示。2011年12月21—25日，中央联合调研组到长汀开展水土流失治理专题调研，并于2012年1月6日向习近平同志提交了《关于支持福建省长汀县推进水土流失治理工作的意见和建议》。2012年1月8日，习近平同志再次做出“同意中央七部门调查组关于支持福建长汀推进水土流失治理工作的意见和建议。长汀曾是我国南方红壤区水土流失最严重的县份之一，经过十余年的艰辛努力，水土流失治理和生态保护建设取得显著成效，但仍面临艰巨的任务。长汀县水土流失治理正处在一个十分重要的节点上，进则全胜，不进则退，应进一步加大支持力度。要总结长汀经验，推进全国水土流失治理工作”的重要批示。国家、省、市有关部门领导先后到长汀县调研指导水土保持生态文明建设工作。水利部、林业局和省委、省政府分别在长汀召开了总结推广长汀水土流失治理经验座谈会、全国林业厅（局）长会议、全省水土保持生态建设现场会，在全国、全省、全市范围推广长汀经验。2012年以来，长汀水土流失治理在中央相关部委和福建省委、省政府的大力支持下持续推进。据统计，2000年至今，长汀的水土流失面积从105.66万亩下降到36.9万亩，水土流失率从22.74%降低到7.95%，低于福建省平均水平，森林覆盖率则由59.8%提高到79.8%。如今，长汀青山夹道，草木繁茂。在曾经水土流失最为严重的地区之一三洲镇，湿地面积448.7公顷的汀江湿地公园2017年获批国家湿地公园。2019年1月，福建省下发《关于进一步加强水土保持工作的意见》，提出全面深入推进长汀县水土保持生态建设，到2020年年底将其水土流失率降至7%以下，水土流失治理取得决定性胜利。长汀县将意见进一步细化：力争到2020年治理水土流失面积20万亩以上，减少水土流失面积4.64万亩以上，水土流失率下降1个百分点以上。

第二节　生态文明建设的成效

在党中央、国务院、水利部和省委、省政府的关心重视与大力支持下，长汀县经过几十年来坚持不懈的努力，生态建设取得显著成效。实现了从荒山到绿洲，再从绿洲到生态家园的“两个转变”，成为“南方水土流失治理的典范”。

一、水土流失得到有效治理，城乡生态环境逐步改善

1. 荒山由红变绿

2012年以来，长汀人民按照“进则全胜，不进则退”的批示要求，在水利、林业等中央部委和福建省委、省政府的大力支持下，持续推进水土流失治理，相继实施了小流域综合治理、坡耕地整治、崩岗治理等一批重点生态建设工程，生态保护修复工作取得明显成效。生态环境大为改善，空气环境质量达国家一级标准，饮用水源水质达地表水Ⅱ类标准，实现了林茂粮丰和农民增收的发展格局，基本圆了长汀老百姓的百年绿色之梦。过去的“火焰山”变成了绿满山、果飘香。

2. 城乡由绿变美

县城建成面积由1985年的3.4平方公里扩展2012年的21.2平方公里，城镇化率由32.5%提高到45%，人均绿地面积12.4平方米，城镇绿化率达32.8%。积极实践“荒山—绿洲—生态家园”之路，在有条件的已治理区域配套建设路网、水网，着力发展水果、花卉苗木、休闲观光旅游等生态产业，建设美丽乡村，促进水保产业增效和农民增收，让老百姓分享生态环境改善带来的成果。长汀策武镇南坑村、河田镇露湖村、三洲镇三洲村等昔日水土流失重点区域，如今已实现生态家园的目标。组织实施农村环境综合整治、空心房整理、家园清洁行动、造福工程搬迁、生活垃圾与污水处理、中小河流治理等项目，推进生态乡村建设。目前，全县共有15个乡镇、58个村获省级生态乡镇、生态村命名，省级生态乡镇创建率达83%。

二、发展绿色经济，经济发展与环境保护实现双赢

1. 经济由弱变强

实施“生态立县、工业强县、农业稳县”的发展战略。2010 年，全县实现了“三个破百亿元”，即地区生产总值、规模工业总产值、长汀经济开发区产值都突破百亿元，2012 年，全县实现生产总值 126.12 亿元，财政总收入 10.15 亿元，城镇居民人均可支配收入 14135 元，2020 年全年预计(下同)完成地区生产总值 311 亿元、财政总收入 14.59 亿元、城镇居民人均可支配收入 28681 元，农村居民人均可支配收入 17812 元。群众生活水平不断提高，县域经济实力不断壮大，走出了在南方红壤地区改善生态、培育产业、发展经济的典型路子，初步实现了环境与经济的“双赢”。

2. 产业由单变多

2000 年以前，长汀县主要以种植粮食为主，产业结构单一，自从确立“生态立县、工业强县、农业稳县”的发展战略以来，长汀县以小流域为单元全面规划，林、果、草、畜、牧合理配置，因地制宜发展以远山、盼盼、森辉等农业企业为龙头的特色种养业和“草牧沼果”循环种养生态农业，银杏、杨梅、板栗、油茶、蓝莓、槟榔芋等一批优质高效的现代农业生产示范基地相继建成，被列为国家粮食生产先进县、国家新增粮食产能县、国家竹业和油茶产业重点发展县、国家农业综合开发高标准农田建设示范县、省级商品粮基地县及油菜种植示范县、农业部水稻机械化育插秧示范县等。河田鸡获国家地理标志证明商标和地理标志产品保护，涂坊槟榔芋获国家农副产品地理标志登记。全县土地流转 14.5 万亩，建成设施农业 2200 亩，实行规模化治理、产业化开发。发展“一乡一业，一村一品”，培育 47 个“三品一标”农产品。发展新型农业经营主体，农民专业合作社 565 家、家庭农场 998 家，直接带动农民创业就业。有力推进了水土流失区域的经济发展。同时努力探索科技含量高、经济效益好、资源消耗低的产业发展模式，主动承接沿海劳动密集型产业的发展，形成了纺织、稀土、机械电子和农副产品加工、旅游商贸“3＋2”产业竞相发展的产业格局。

3. 农民由穷变富

2012 年,城镇居民人均可支配收入由 1985 年的 725 元提高到 14135 元,年均增长 14.4%;全县农民人均纯收入由 425 元提高到 8185 元,年均增长 17.1%,其中严重水土流失区河田镇、策武镇农民人均纯收入分别达到 6618 元、7836 元。正如百姓所说:“过去哪里苦,河田加策武;现在哪里甜,策武加河田。”2018 年,全县农民人均可支配收入从 2012 年的 8185 元提高到 13991 元,全县贫困发生率由 2012 年的 8.9%降至 2018 年的 0.032%,2013 年,县政府出台《长汀县林权抵押贷款实施办法(试行)》等文件,明确“谁治理、谁受益,治理成果允许转让继承”,让群众吃了“定心丸”。通过政策扶持、技术指导和免费培训等多种形式,培育了一批水土流失治理大户,带动周边群众发展致富产业。如种植大户黄金养带动三洲、河田 247 户农户种植杨梅 6000 多亩,人均增收 1450 元。

三、生态环保意识普遍增强,长汀精神不断发扬光大

长汀人民是水土流失的受害者,也是水土保持的受益者。水土流失造成的山光、水浊、田瘦、人穷,使长汀经济较长时间处于较落后水平,长汀人民在贫困线上挣扎了几十年,人们期盼过上山清水秀、田肥民富的幸福生活。经过 30 多年的水土流失治理,全县人民亲身感受到保护生态环境的重要性,以及环境改善带来的好处,深刻领悟到“我为生态,生态为我”的道理,为生态文明建设奠定了扎实的思想基础。特别是在长期的水土流失治理工作中凝聚和锤炼出的“滴水穿石、人一我十”的精神,既反映了人民群众改善生态环境的强烈愿望,又体现了不怕困难、百折不挠的闯劲和拼劲,这正是老区精神在新时期的发扬光大,必将转变为推动绿色经济发展、建设美丽中国的巨大力量。

第三节　生态文明建设的任务

一、建设任务重

目前全县水土流失治理成功率为69%，坡耕地治理度为68%，尚有45.12万亩未开展治理的水土流失地，且地处边远山区，交通不便，多为陡坡、深沟，不利于植物生长，且种植、管护难，水土保持生态文明建设任重道远。

二、巩固难度大

长汀四季分明，气候宜人，雨水充沛，适合竹木植物生长。现有林分针叶林多、阔叶林少，纯林多、混交林少，针叶林面积占林分总面积的81%，现有林分亩森林蓄积量才3.8立方米，林分结构单一、水源涵养能力低、易发生病虫害和火灾，森林资源面临较大的安全隐患。种植的经济林果由于地瘦缺肥，还要继续投入才能见效。

三、治理成本高

由于劳动力缺乏，工资、肥料、燃煤、液化气等价格成倍增长，群众砍枝割草当燃料的现象有所反弹，给封山育林工作带来新的压力。

四、城区生态环境有待改善

长汀县对古建筑保护力度不够，保护意识较弱，城镇的现代化与古建筑的保护之前存在矛盾。城市布局不够合理，受限于长汀过去的经济状况和人们思想观念落后，工业区与生活区布局不合理。城区交通不完善，没有健全的公交系统，过多三轮车影响市容，存在安全隐患。居民小区生活设施、环境卫生也还有待改善,深化城区环境综合治理。

第四节　生态文明建设的规划

面对着艰巨的生态文明建设任务,长汀县认真贯彻落实习近平总书记和国家有关部委、省市有关领导的重要批示精神,在中央和省、市的关心支持下,围绕深化全国水土保持生态文明县建设的目标,按照“进则全胜”要求,继续弘扬“滴水穿石,人一我十”的精神,牢固树立尊重自然、顺应自然、保护自然的生态文明理念,进一步做好生态环境的恢复、生态资源的保护、生态优势的利用、生态经济的发展,促进生产空间集约高效、生活空间宜居适度、生态空间山清水秀,努力把长汀建设成为福建生态省建设和全国水土保持生态文明县的一面旗帜。

一、凝聚强大工作合力

加强对生态文明建设的组织领导,严格落实目标责任制,对接落实上级支持水土流失治理和生态文明建设的政策、项目、资金,不断加大投入力度。完善生态文明建设考核评价体系,强化对领导班子和干部生态文明建设年度目标考评。进一步调动群众的积极性和创造性,加快体制机制的创新,制定出台各种更加优惠的政策,加快集体林权制度改革,引导、吸纳企业、农村组织、种植大户和广大群众投入水土流失区的治理和生态文明建设领域,加快形成全社会共同参与水土流失治理和生态文明建设的生动局面。

二、强化生态治理保护

按照总体规划和年度治理方案,着重抓好减少流失地、控制新面积和研发新技术工作,加紧实施“六大工程”措施,加快水土流失治理,全面完成年度水土流失治理任务。集中开展城乡环境综合整治,推进汀江流域水环境整治,着力解决城乡垃圾污水处理、空气污染、噪声污染、农业面源污染等突出环境问题。继续实行严格的水保“三同时”制度和严格的封山育林制度，落实以电代燃、暂停砍伐阔叶树等政策措施，严厉打击破坏生态环境的行为，加强生态保护。

1. 在更高的起点上谋划水土保持生态文明县建设

围绕生态省建设示范县、全国水土保持生态文明示范县的目标，按照生态示范县建设的标准，将水土流失综合治理、整体生态保护、改善人民生活三者紧密结合起来，加大对水土流失治理模式、科技、机制、管理的创新，用区域化治理、园区化运作、项目化推动的理念，做好45.12万亩未治理流失区和101.08万亩已经治理区域生态恢复、生态修复，基本解决传统的水土流失治理问题，在更高起点上深化生态文明县建设工作，走出一条水土保持促进经济发展、经济发展支撑生态保护的可持续发展道路。

2. 全力以赴巩固、提升水土保持生态文明县工作

坚持生态文明建设与发展经济并重、与强林惠农并举、与民生改善并行，走中国特色新型工业化、信息化、城镇化、农业现代化道路。把改善群众的生产条件、生活环境和提高幸福感作为生态文明建设的落脚点，努力构建生态农业体系、生态工业体系、生态旅游体系、生态保护体系、生态人居体系等五大生态体系。

(1)抓好未治理水土流失治理。对45.12万亩未治理水土流失区，采取流域治理、网格化治理、梯度治理等不同模式进行治理。对立地条件较好的区域，一步到位，采取针阔混交治理等模式进行治理；对坡度较陡、水肥条件较差等立地条件恶劣的区域，采取“反弹琵琶”等模式逐步进行治理。同时，将汀江流域治理、空气污染治理、生活环境治理等纳入水土流失治理的范畴，治山、治水、治空气、治环境同步进行，通过立体式治理，全面改善县域内整体生态环境。

(2)抓好生态文明县成果巩固。对101.08万亩初步治理的水土流失区，通过封禁保护、抚育施肥、树种替换、加强监管、限制开发等办法进行巩固。同时，对全县的生态资源采取全面封山育林、禁止打枝割草、禁止乱砍滥伐、严禁未经审批毁林开矿、严禁乱建坟墓、严禁未经审批野外用火等有效措施，进行整体保护。对生产性项目的上马，要求做到不破坏生态环境，不造成新的水土流失，坚决不以牺牲生态环境为代价来发展生产,发展产业。

(3)抓好生态文明县工作提升。结合水土流失治理工作,大力发展生态农业让群众从山上转得下,实行生态移民让群众从山里转得出,提升社会保障和公共服务水平让转出群众留得住,发展以生态工业为主的二、三产业让转出群众能发展,从根本上解决水土流失区的生态承载压力,最终达到治理与发展齐头并进、发展与惠民同步并行的效果。继续实施“产业兴县”战略,大力点发展纺织、稀土、机械电子和农副产品加工、旅游等“3+2”主导产业,以工业化带动城镇化和农业现代化,实现“二产促一产带三产”的产业结构调整,促进农业增效、农民增收、农村和谐,加快推进小城镇、新农村建设进程,实施以“造福工程”搬迁为主的生态移民工程,为水土流失区群众的转移创造条件,继续实施“项目带动”战略,积极组织实施一批农业、林业、教育、卫生、交通、社会保障等民生社会事业项目,使生态文明建设融入经济建设、政治建设、文化建设、社会建设各方面和全过程。

三、大力发展绿色经济

坚持治理与开发并举、生态效益与经济效益相结合的原则,加快建设生态工业、生态旅游、生态林业、生态农业等绿色经济体系。按照错位发展的理念,加快腾飞工业园体质扩容、稀土工业园做大做强、晋江(长汀)工业园加快发展,促进产业集聚、集群发展。改造提升纺织、机械电子等传统产业,加快发展稀土战略性新兴产业,发展生态工业。培育发展现代旅游业,加大历史文化名城保护开发建设力度,加快水土流失治理和生态文明建设示范区、汀江生态经济走廊等项目实施,重点打造策武南坑生态农业园、河田水土保持科教园、三洲杨梅采摘园、汀江源头龙门保护区、崩岗治理等别具特色的水土保持旅游观光路线,大力发展农家乐、生态农庄、森林人家等乡村旅游,发展生态旅游。做好“山上山下”文章,加快土地、林地的流转力度,实行规模化、市场化、特色化经营,发展大田经作、生态林果等特色种养基地,大力发展林下经济项目,形成“草—牧—沼—果(林)”的生态农业循环发展模式,发展生态农业。

四、加快建设生态家园

按照新型工业化、信息化、城镇化、农业现代化同步发展的要求，加快中等城市和河田省级小城镇、新桥市级小城镇综合改革试点建设步伐，加快项目用地的征地拆迁安置工作。加快“美丽乡村”建设，加快新农村生态景观改造，以露湖、刘源、三洲、南坑、梁坑、中复和涵前等新农村建设试点村为重点，对村庄道路、河道、水库周边配置香樟、枫树、紫薇、无患子、红叶石楠等景观树种，更新原有的景观格局，形成空间彼此相邻、功能相互关联的层次较丰富，季相较明显的景观多样性和物种多样性，增加景观整体的生态服务功能，提升景观生态系统的健康水平。认真开展绿色乡镇、绿色社区、绿色学校创建活动，推进新型城镇化进程，促进工业化和城镇化“双轮驱动”，拓展信息化发展的空间，为农业现代化创造条件，推进城乡一体化发展。

第三章　长汀县生态文明建设主要工作

曾经水土流失严重、生态环境恶劣的长汀县能够在水土流失治理上取得重要成效,生态环境实现由荒山到绿洲,再到生态家园的转变,是长汀人民发扬滴水穿石、人一我十的精神,艰苦奋斗、努力工作的结果。在重视生态环保的文化思想引领下,长汀人民在水土流失治理上做了大量艰苦的工作,包括宏观层面的整体工作和微观层面的治理措施,更有各部门各企事业单位和人民大众所做的大量具体工作。从长汀人民治理水土流失的工作中,总结得出生态文明建设的长汀经验,值得其他地区借鉴学习,对如何推动人类文明的发展也能提供有益的启示。

第一节　生态文化的思想引领

文化是人类在社会历史发展过程中创造的一切物质财富和精神财富的总和,作为经济和政治的反应,又会影响和作用于一定社会的经济和政治。长汀县作为福建省古代文明的发祥地之一、福建省五个国家级历史文化名城中唯一一个县级城市,具有丰富的古城特色和独特的文化传统。悠久的历史文化、源远的客家文化、丰富的红色文化、绿色的生态文化等构成了长汀最为重要的文化底蕴。(1)历史文化。长汀有着上千年的建城历史,很长时间都作为当地的行政中心,留下了很多古建筑、古遗址。(2)客家文化。长汀作为客家人的发祥地和集散地,被誉为“客家首府”。这座历经千年历史洗刷的古城,其先民从中原辗转而来,在长汀与本地居民相互影响、相互融合,进而形成了独具特色的客家文化。(3)红色文化。长汀作为全国著名的中央苏区和红军长征出发地之一,涌现了一批又一批伟大的革命先行者，被冠上了“红色小上海”的美名，被誉为“红军故乡、红色土地和红旗不倒的地方”。(4)生态文化。长汀是全国水土流失治理的典范。长汀的水土流失问题历史长、面积广、程度重、危害大，已经成了制约长汀生态环境和社会经济可持续发展的重要因素。在长汀进行水土流失治理等生态建设的过程中，一种新的文化—生态文化应运而生。

一、长汀生态文化的内涵——“长汀经验”之文化解读

生态文化作为一种新的文化形态，其主要结构有三个层次：一是生态文化的精神层次，包括伦理观的生态转型和价值观的生态转型；二是生态文化的物质层次，包括科学技术发展的生态转型和经济发展的生态转型；三是生态文化的制度层次，用法律法规来调节和规范人与社会、人与自然之间的行为关系，使环境保护和生态保护制度化。

1. 长汀生态文化的精神层次

在水土流失治理的漫长过程中，长汀县领导一届接着一届地经年累月抓生态，其中生态文化教育占据了重要地位。“长汀经验”的核心是生态思想的先进，只有生态思想教育传播到位，才能达到全民生态的目的。十几年来，长汀县举办了多次具有生态文化教育意义的活动。例如，保护母亲河系列活动已经连年展开，在长汀县河田镇游坊村实施的“汀江流域青年生态林·世纪林”项目已经成为生态文化教育的品牌。同时，在青少年教育方面，教育局通过编写长汀生态文明建设读本作为学生校本课读物以及办中小学社会实践基地等举措，对青少年的生态思想进行了潜移默化的培养。在县政府主导以及其他部门的配合之下，长汀生态文化自上而下深入人心。“保一方山水，富一方百姓”，让生态文明观念在全社会牢固树立，通过生态理念凝聚人心，共识共为，唱响主旋律。长汀县加强生态文明宣传教育，使每一个公民、每一个家庭都成为生态文明的宣传者、实践者、推动者和受益者，调动全县群众的积极性和创造性，以生态文化滋养长汀子女，使生态文化扎根群众。

2. 长汀生态文化的物质层次

长汀人民不仅具有生态环保的意识和理念，而且使保护生态的理念

切实得到贯彻实施,融入长汀人民的生产生活之中。由于水土流失严重影响了长汀人民的生产生活,在生态文化的思想引领下,在领导的高度重视下,政府领导人民在水土流失治理上做了大量艰苦的工作,使生态文化理念不只停留在精神层次。长汀县在发展生产的过程中也一贯重视生态环保,大力发展绿色经济,尽力做到经济发展与生态保护的统筹协调。在招商引资时,长汀县绝不拿绿水青山换金山银山,对企业的进入设置较高的门槛,不引入污染较重的企业。长汀的企业也切实把生态环保理念贯彻到企业的生产活动中,尽量减少对环境的污染。

3. 长汀生态文化的制度层次

长汀的生态文化不仅表现在精神和物质层次,还使生态文化理念固化为了一系列制度。2000 年,长汀县委、县政府对符合封育条件的水土流失地全部采用封育治理,为此发布了《关于封山育林禁烧柴草的命令》,随后又制定了《关于护林失职追究制度》《关于禁止砍伐天然林的通知》《关于禁止利用阔叶林进行香菇生产的通告》等。《乡规民约》和《村规民约》明确了封山育林育草的目标、任务、范围、措施、责任、队伍、考评等及对违约行为的处罚措施。各乡镇还建立了专业护林队伍,护林员由原来巡山为主改为入户查灶头为主。

二、长汀生态文化的核心——长汀精神

长汀政府和人民对长汀精神进行了很好的总结,认为长汀精神体现为八个字:“人一我十、滴水穿石”。简单一点说,“人一我十”就是人家种一棵树我们就种十棵,要付出比别人更多的努力,“滴水穿石”就是要持之以恒,锲而不舍地做下去。长汀县换过很多届领导,但是每一届领导都能承接上一届领导的工作,继续把生态文明建设工作持续推进下去,他们对生态文明常抓不懈,有“大楼可以不盖,但生态建设不能间断”的气魄。“人一我十”代表勤奋,“滴水穿石”则是一种坚持。勤奋与坚持凝练了长汀精神。“人一我十,滴水穿石”这八个字可以说是长汀生态文明建设成功的秘诀。正是在这种精神的引领下,长汀人民求真务实,几十年如一日地搞生态建设,终于造就了如今苍山漫绿、绿带绕城的长汀。长汀精神代表的是一种坚韧、一种执着、一种不达目的誓不罢休的状态。

如今，在经年累月的耳濡目染中，长汀精神已经成为汀江子女心中根深蒂固的一部分。长汀生态文化也围绕着长汀精神展开，积淀出长汀特有的生态理念。

三、长汀生态文化在生态文明建设和经济发展中的作用

从20世纪40年代开始，长汀就开始了水土治理的漫长历程，发展至今，已经取得了非常大的成效。长汀县是福建省水土流失的“冠军县”，据1999年遥感普查，长汀全县的水土流失面积高达73768公顷，占全县土地总面积的23.82%。水土流失治理的前几十年里，领导者们有心治理，群众却不配合，正是大众的生态意识薄弱，才使之前的水土治理成效甚微。此时，政府意识到光靠少部分领导者的努力是无法真正地做好生态建设的。于是，他们积极地发动群众，加强宣传力度，使生态建设的理念深入人心。全民的参与方能形成文化，而长汀的生态文化正是在生态文明建设中逐步形成的。

1. 生态文化指导生态文明建设

荒山变绿洲，绝非一朝一夕所能完成，长汀历届县委、县政府高度重视水土流失治理，坚持自力更生、艰苦奋斗，咬定青山不放松，一任接着一任干，坚持规划先行，强化综合治理，重抓工程质量，注重生态修复，善于创新总结，集中规模推进水土流失治理。在治理过程中，政府重视科学规划，制定了一系列法律法规，同时，强化综合治理，坚持以小流域为单位全面规划，山、水、田、林、路综合治理，林、果、草、畜、牧合理配置。发展至今，长汀已经成为一片绿洲，也正在从绿洲转型打造生态家园。在一步步的发展中，长汀人心中始终有着他们的生态理念，一片片的青山，一池池的荷花，正是他们给世界最好的证明。

长汀县政府在宣传方面投入了大量的精力和资金，做了面向公众、面向校园、面向企业的各种宣传活动，利用报刊、电视等媒体加大对大众的宣传。在长汀，经常都能看见各种宣传水土保持的标语，更有专门的展馆宣传水土流失治理的过程，教育局还编写了小学、初中、高中三个阶段的水土保持教材，学生每周有一节专门的课进行水土保持的学习，更有社会实践基地让学生们切身体会生态建设的魅力。只有全民的生态

建设意识觉醒了,才能更好地进行生态文明建设。

2. 生态文化影响经济建设的格局

长汀的自然条件使得它长期处于水土流失的境况之中,“山光、水浊、田瘦、人穷”是当时以河田为中心的水土流失区生态恶化、生活贫困的真实写照。在如此贫瘠的自然条件下,自然难以发展经济,因此,治理水土流失也就成为发展经济的先决条件。在治理荒山的过程中,长汀县人民并没有单一的种树,而是考虑了各种自然条件和经济价值,选择了灌木和阔叶乔木建立较为稳定的植被群落,同时选择根系锁水性好的杨梅作为经济作物,实现了生态建设和经济发展的平衡。反观很多地区,都是为了发展经济而把环境作为代价,英国发展工业革命,把伦敦变成了雾都,之后又花费大价钱治理环境,不能不说这种代价实在是不值得。长汀并未走入这样的误区。县政府在资金紧缺的情况下,依旧能考虑到单一植被不利于生态建设,拒绝了企业在青年世纪林里大面积种植单一树种的投资。在山坡上种植杨梅而非其他经济价值更高的作物,也体现了长汀的生态文化深入人心。不发展工业,合理种植多种植物,长汀的生态文化使得长汀有了异于其他地区的经济建设格局。

第二节　宏观层面的整体工作

在国家和水利部的大力支持下,长汀县认真贯彻落实习近平同志对长汀水土保持工作提出的“进则全胜,不进则退”的重要批示精神,始终怀着高度的政治责任感和历史使命感,把水土保持工作摆在全县经济发展的战略大局中去审视,放在关系全县55万人民安居乐业的现实要求上去谋划,提高到执政为民、实践科学发展观的政治高度去理解,动员全县各级各部门以及广大干部群众,以守土有责的高度政治责任感,奋力拼搏,铁心攻坚,把治理水土流失、建设生态文明作为“民心工程”、“生存工程”、“发展工程”和“基础工程”抓紧抓实。坚持自力更生、艰苦奋斗,发扬“滴水穿石、人一我十”的精神,咬定青山不放松,一任接着一任干。坚持政府主导、社会参与、群众主体、多策并举、以人为本、持之以恒,不断推进长汀生态文明建设。

一、政府主导，加强领导

1. 建立协调机制

长汀县自20世纪80年代开始就成立正科级建制的水土保持事业局和由分管领导为主任的水土保持委员会办公室，2012年县、乡两级成立由主要领导任组长的水土流失治理和生态文明创建领导小组及办公室，龙岩市政府还成立了由分管副市长任指挥长的长汀指挥部，长汀水保站升格为副科级建制，并在各乡镇设立水土保持工作站，有力保障生态文明建设工作的落实。

2. 建立责任机制

建立县、乡、村三级党政领导挂钩制度和县乡部门挂钩、协同作战机制，形成生态文明建设的强大合力，把水土流失治理列入部门、乡镇及干部年度目标管理考核和绩效考评内容，签订目标责任状。历届县委、县政府始终把水土保持生态建设作为政治责任、第一责任融入全县经济社会发展的全过程，纳入各级党政部门核心职能。党政"一把手"为治理工作第一责任人。党政主要领导每月至少调研1次水土保持生态建设工作。县四套班子领导每人挂钩一个重大生态建设项目。县委、县政府把水土保持作为年度考核一项重要内容，与各乡镇党政、有关部门一把手签订责任状。2012年以来，7名干部因水土保持业绩突出得到提拔，25名干部因水土保持工作不力受到党内和行政处分。

3. 建立专职队伍

长汀水保局、水保站现有专职人员31名，其中高级职称10人、中级17人。为加强力量，2012年，省、市两级共选派7位处级领导干部和18名专业技术人员到长汀任职、挂职，全县抽调30名干部、聘用30名水保员，充实到水土流失重点乡镇，专抓水土流失治理和生态文明创建工作。

二、部门配合，齐抓共管

水土保持生态文明建设涉及全县各级党委政府和相关职能部门，要求实行总体规划，部门联动，统筹安排，整体推进。县水保局依法行使水土保持行政职能,组织好重点流失区治理和水土保持示范工程建设。县国土资源局重点要抓好矿山生态环境恢复和土地综合整治项目。县林业局加快生态林建设步伐,开展荒山造林、低产林改造、封禁等治理工作,以充分发挥森林涵养水源和保持水土作用。县农业局把水土保持生态环境建设列为现代农业建设、示范园区建设的重要内容。县发改局将水土流失治理重点工程建设纳入全县经济社会发展年度计划,分期分批安排建设项目。县财政局依法在财政预算内安排水土保持专项资金,并确保资金到位。有审批权限的县直各部门,还要按照相关法律、法规和各自职能,把水土保持方案的编制作为必要的前置条件,在各类建设项目立项、征地、审核、发证等环节上共同把关,确保水土保持各项制度落到实处。各乡镇政府认真履行职责,根据《水土保持法》规定,各乡镇人民政府对本辖区范围内的水土保持工作负总责,依法制定村规民约,切实做好本乡镇范围内的水土流失防治和预防监督、管护工作。

三、加强宣传,全民参与

1. 发挥主流媒体作用面向公众宣传

长汀县充分利用电视、网站、报刊、图片、标语、宣传资料等宣传载体,特别是中央电视台、人民日报、新华网、福建电视台、福建日报等主流媒体采访报道长汀水土流失治理情况。

2. 开展"六进"活动面向基层宣传

开展水土保持宣传进机关、进乡村、进社区、进学校、进企业、进项目的"六进"活动,把水土保持与素质教育、乡土教育、校本课程开发有机结合起来,做到水土保持教育从娃娃抓起。举办"携手保护生态、共建绿色家园"系列主题活动,印发《水土保持法》《森林法》《水土保持工作条例》等宣传手册和校本教材10000册,普及水土保持知识。开放长汀县水土保持科教园,鼓励人们前来参观、学习、实践。县党校通过"一课一园一题"形式,将水土保持设为党政干部培训的固定课程,组织参观水土保持科教园和治理示范点,开展专题讨论,全县90%以上党政干部参加了培训。通过全社会的生态环境教育,及时表扬先进典型,批评、处罚破坏生态环境的行为,营造了共创生态县的良好社会氛围。水土保持宣传教育工作，不仅有效地提高了各级领导干部和广大群众的水土保持法律意识，而且逐步营造出全社会关心、支持水土保持生态环境建设的良好氛围。

3. 调动群众参与

政府制定出台以电代燃补助、延长项目经营权期限、减免税收等政策，推行承包、租赁、股份合作等治理开发模式，对承包造林、种果户给予种苗、肥料和抚育管理资金补助，鼓励群众承包治理，培育大户治理，引导、吸纳农村专业合作社、专业协会、种植大户等投入到水土流失区的治理和开发领域，调动群众参与水土流失治理和生态文明建设的积极性。

四、规划先行，科学指导

长汀县坚持"生态立县、工业强县、农业稳县"的发展战略和"生态建设产业化、产业建设生态化"的发展理念，将水土保持生态建设纳入国民经济和社会发展规划，并列入政府重要议事议程和人大监督检查重点，经常召开常委会、政府专题会研究水土保持生态建设工作。始终树立规划先行的理念，坚持规划的指导性、全局性、强制性，出台了加快生态家园建设、林业生态强县建设、中等城市建设、旅游产业发展等四个实施意见，制定了加快水土流失治理和生态家园建设等十多个政策文件。

1956年就开始了河田水土流失调查，1958年2月制订了《长汀县今后水利水土保持规划》；1985年以来，先后编制了《长汀县农业资源综合利用水土保持规划(1985—2000年)》《长汀县水土保持生态环境建设规划(2000—2015年)》《长汀县水土流失综合治理规划(2012—2016年)》《长汀县水土流失治理专项规划(2012—2015年)》《长汀生态县建设规划》《长汀县生态文明示范工程试点县实施规划》等一系列规划，并将水土保持纳入国民经济和社会发展规划。1999年，县政府根据《水土保持法》《水土保持法实施条例》等法律法规，制定了《关于划分水土流失重点防治区的公告》，明确划分重点预防保护区、重点治理区和重点监督区。2012年又根据水利部有关文件要求，重新进行了"二区"划分，并给予公告。长汀县先后出台加快生态家园建设、林业生态强县建设、中等城市建设、旅游产业发展等实施意见，完成生态文明示范县建设、国家级生态县建设、汀江国家湿地公园、汀江源国家级自然保护区、汀江生态经济走廊建设、水土流失综合治理等规划方案,其中《长汀生态文明示范县建设规划(2013—2025)》成为十八大后首个由原环保部认证的生态建设规划,为持续开展水土流失治理和生态文明建设提供了长远战略设计。

五、健全制度,有法可依

1. 完善水土保持生态立法

为配套完善国家、省水保法规体系,长汀县制定出台了一系列政策文件,有县人大通过的《长汀县实施〈水保法〉细则》《长汀县水保监察章程》《长汀县水土流失预防监督管理规定》《长汀县环境保护监督管理"一岗双责"实施意见》等制度,《长汀县水土保持事业局关于开展规范行政权力运行和自由裁量权工作的实施方案》《长汀县加强水保监督执法的通知》《长汀县预防保护区公告》《长汀县陡坡、滑坡、泥石流易发区公告》《长汀县人民政府关于进一步加强矿产资源开发水土保持方案审批和监管工作的通知》《长汀县人民政府关于切实加强水土流失预防监督工作的意见》等规范性文件,与各乡镇及相关部门签订"水土保持责任状",乡镇、村制定《乡规民约》《村规民约》,明确封山育林育草的目标、任务、范围、措施、责任、队伍、考评等及对违约行为的处罚措施,使水保监督执法工作逐步走上规范化和制度的管理轨道,保证了监督执法工作有法可依、有章可循。

2. 成立水土保持专业组织

长汀县于1964年成立长汀县水土保持办公室,为政府内设行政机构,具体行使水土保持方面法规赋予的职能。1991年更名为长汀县水土保持局,1997年更名为长汀县水土保持事业局,为参照公务管理正科级事业单位,内设人秘股、治理开发股、预防监督股3个职能股室,核定编制6人,主要负责全县水土保持行政管理和行政执法工作,依法查处违反水保法律法规的行政案件,开展水土流失治理、组织编制并实施水保长期规划及年度计划。长汀县水土流失预防监督站成立于1991年6月,具体负责依法查处水土流失违法案件、征收水土保持补偿费、审批水保方案。同时,全县18个乡镇均设有1～2名水保员,每个村居均有1名管护员，形成“县指导、乡统筹、村自治、民监督”的水保护林机制。

六、预防监督，严格执法

1. 全面落实水土保持“三同时”制度

严格执行生产建设项目水土保持方案与主体工程同时设计、同时施工、同时投入使用的“三同时”制度。2000年来，全县新上生产建设项目88个，申报水保方案88个，审批88个，查处违法违规案件2起，补报方案27个(小水电)，建立工程侵蚀治理示范点2个。水保方案的编报申报率从2007年以前的77%上升到目前的98%，水保“三同时”制度落实率达100%，实施率达97%，验收率达97%。从2012年起，每年在全县范围内开展对采矿、采石、水电开发、房地产开发、交通道路、城镇基础设施建设等生产建设项目落实“三同时”制度专项执法检查和水土保持管护工作的专项检查，完善生产建设项目水土保持监督执法工作台账和建立电子档案，促使水土保持“三同时”制度全面落实。

县水保局以《水土保持法》为依据，以《行政许可法》为准则，认真贯彻“谁开发，谁保护；谁破坏，谁补偿；谁造成水土流失，谁负责治理”的原则，加强对在建高速公路、水电开发、矿山、房地产开发等重大建设项目的水保专项执法检查，严格依法办事，抓好开发建设项目水土保持方案编制的落实工作，为全县把好生态保护关。县发改、水利、国土、环保等水保委成员单位有重点地对一些开发建设项目进行监督检查，把督促业主落实水土保持设施“三同时”制度同水保方案编制情况挂起钩来，提高管理水平。

2. 建立健全生产建设项目水保监督执法台账

要求各类生产建设项目必须按照水土保持方案要求，分阶段落实水土保持措施。县水保局每月对全县各类生产建设项目的企业，进行不定期巡查1次以上，乡镇水保员对本辖区内的生产建设项目，每月实行巡查2次以上，对各类水土保持措施落实不到位的生产建设项目，及时下达责令整改通知书，限期完善水土保持设施。据不完全统计，2007年以来，长汀县共发出限期责令整改通知书102份，依法监督各类生产建设项目自行完善水保设施建拦沙坝86处，砌护坡、拦土墙1万余米，重建植被3600多亩,控制因生产建设项目产生的新的水土流失面积7500余亩。

3. 严厉查处水土流失违法案件

长汀县依法划定、公告水土流失重点预防保护区和重点治理区,并实行分区防治。严格执法,强化工作责任,对违反水土保持法律、法规的行为要坚决依法从严查处。对新上生产建设项目和资源开发项目,全部要求必须同时申报水土保持方案,严格执行水保设施与主体工程同时设计、同时施工、同时验收的制度。对拒不编报水土保持方案、拒不停止和纠正违法违规行为、拒不按规定缴纳水土保持规费、拒不开展水土保持监督和拒不开展水土保持设施验收的"五个拒不"进行了重点监督和现场督办,立案查处一批典型违法违规案件。重点整治稀土矿,县成立稀土开采水土保持专项治理领导小组,对无证非法开采的稀土矿行为进行了集中专项整治,其中2001年整治稀土矿点30多个,行政拘留23人,罚款20多万元,2006年整治24个非法稀土矿点,捣毁稀土矿点20个,收取防治费70多万元。同时加强对全县已审批的稀土矿点、机砖厂、采石场等矿点的水土保持设施进行跟踪管理。2007年以来,长汀县对20世纪80—90年代的老矿山,重新编制了治理方案,并收取一定的治理费,对矿山采取工程措施和植物措施一起上的方法,快速恢复矿山植被,建立矿山整治示范面积2300亩。

4. 严格规范监督执法程序

制定落实《长汀县水土保持事业局关于开展规范行政权力运行和自由裁量权工作的实施方案》,清理确定的9个重点行政职权,制定了行政职权分解目录1个,行政许可自由裁量权执行标准、行政处罚自由裁量权执行标准、行政事业收费自由裁量权执行标准等3个,绘制出水土保持方案审批、水土保持设施竣工验收、行政处罚、行政征收等清晰简明、可操作性强的权力运行流程图6幅,载明了行使行政权力的条件、承办岗位、运行程序及相关接口、办理时限、监督制约环节、相对人的权利等内容。在水保方案审核中,提前一个月实行预先告知,将领导工作职责、行政权力运行事项、工作流程图、股室工作职能职责和行政权力运行受理投诉办法等事项进行公开,接受社会和群众的监督,真正做到政务公开、信息公开和行政权力公开。30多年来,未出现水土流失重大事故,水保监督执法在执法部门行风评议中始终名列前茅。

七、打造精品、典型示范

长汀县凝聚各部门的力量和资源，按照整体规划、统一标准、各投其资、各记其功的原则，合力打造精品样板工程，发展水土保持特色产业。把打造典型、创建品牌、示范带动、以点带面作为引领水土流失治理和生态文明建设的有效举措。为此，长汀县以水土流失综合项目建设、国家水土保持重点建设工程、坡耕地水土流失综合治理工程、崩岗综合治理等项目为重点，打造了一批各具特色的水土保持生态环境建设样板。按照"高标准、高起点、低成本、可持续"要求，创新治理模式，坚持植物措施、工程措施和民生措施相结合，分类型、分区域建立崩岗、矿山、小流域、茶果园、工业园区、通道沿线生态断弱点等综合治理示范工程16个，李田河、朱溪河被命名为全国"十百千"示范小流域，刘源河、南坑河、露湖溪等23条小流域被认定为生态清洁型小流域，形成一批水土保持特色产业如万亩杨梅园、千亩银杏基地等。

八、争取资金，加大投入

要实现水土保持事业持续发展，持续的资金投入是必需的。长汀县抢抓省委、省政府支持长汀等22个水土保持省重点县加快发展机遇，各乡镇和各部门编制治理规划或方案，建立项目储备，加强对上沟通衔接，最大限度争取上级部门项目和资金扶持。另外，长汀县整合国土、环保、林业、水利、农业等部门相关资金，持续加大水土保持投入，积极探索引进民间资本参与水土流失治理，加快构建多元化投入体系。在大量资金投入的基础上，长汀县认真实施了省重点县长汀县水土流失综合治理工程、国家水土保持重点建设工程、坡耕地水土流失综合治理工程、崩岗综合治理等水保重点治理项目。并且力争对现有坡度在25度以上的耕地全部实行退耕还林，25度以下的实施坡改梯、植物措施和保护性耕作措施优化配置，使严重水土流失区流失强度大幅度下降。

九、筑巢引凤,引进人才

筑好巢,引好凤,加强与高等院校和科研院所的合作。长汀县吸引中科院南京土壤研究所、中科院武汉植物园、福建水土保持试验站、福建农林大学、福建师范大学等高校、科研单位等单位前来联合开展试验和科研工作,帮助解决生态文明创建中的关键技术,其中博士 12 名、硕士 45 名,建立了长汀水土保持院士专家工作站和博士生工作站、福建省(长汀)南方水土保持研究中心。目前,长汀县已与福建师范大学地理科学学院合作开展“南方红壤侵蚀区芒萁散布的地学分析及时空模拟”(项目编号:41171232),与中科院南京土壤研究所合作开展了“林下水蚀区植被三维绿量恢复多角度遥感反演研究”(项目编号:41071281),与中科院武汉植物园合作开展了“不同年龄马尾松恢复过程中对碳氮物质循环的影响的研究”及“红壤侵蚀退化立地的植物生物工程技术”,与福建农林大学合作开展了“废旧稀土矿山植被恢复机理研究”等项目,长汀已成为我国南方主要的水土保持研究基地。

第三节　微观层面的治理措施

一、强化综合治理

以小流域为单元开展综合治理是治理水土流失最重要、最主要的途径,也是最能让群众直接受益、快速受益的手段。根据长汀县水土流失现状和危害程度,优先对水土流失面积大、分布集中、对群众生产生活影响较大的区域进行了综合整治。坚持以小流域为单元全面规划,山、水、田、林、路综合治理,林、果、草、畜、牧合理配置。对低山丘陵山顶脊部强度水土流失区进行草、灌、乔一起上的办法加速植被恢复,坡面种植灌木和阔叶乔木,建立较为稳定的植被群落;对于“老头松”林下水土流失区域,采取补植施肥改良植被;对崩岗治理区域,探索改“崖”为“坡”,变崩岗区为生态种养区；对于山坡地茶果园水土流失区，进行坡改梯，采取前埂后沟的办法综合整治；对坡度平缓、交通便利、立地条件较好的小流域采取治理与开发相结合的办法进行开发性治理。

二、重抓工程质量

1. 坚持工程建设“四制”不动摇

严格执行项目招投标制、项目法人制、工程监理制、合同管理责任制。按照省水利厅批复的所有工程项目，投资50万元以上的项目实行公开招投标管理，对50万元以下10万元以上的项目经县发改局核准邀请县纪委、发改、财政、审计及水利党委参与进行邀标，10万元以下的项目进行议标。

2. 严把工程质量关

严格按照国家、省、市有关工程质量的要求，切实加强工程质量控制，工程技术人员严格按照“五统一”(统一规划、统一放线、统一施工、统一质量标准、统一检查验收)、“四集中”(集中领导、集中时间、集中人力、集中物力)的管理办法，按图施工，对未按图施工或质量未达到要求的工程必须坚决返工，确保工程建设规范化、正规化、设计科学化、系统化。并建立项目管理卡、管理图，对每一项具体措施进行详细的造册登记，做到图、表、卡整齐规范。

3. 严把资金使用关

制定实施《长汀县水土保持项目资金管理办法》，项目资金实行封闭管理，资金审批由分管副县长、水保局局长、审计局局长、监察局局长、财政局局长“五长会审”，实行报账支付制度。加强对资金使用情况的监督检查，确保专款专用及资金使用安全、干部安全。

三、注重生态修复

坚持“小流域综合治理”和“大面积封育保护”并举，在水土流失程度较轻地区，通过封育保护，并适当加以补植和施肥，依靠大自然自我修复的力量恢复生态。

1. 建立了封山育林规章制度

2000年以来长汀县委、县府发布《关于封山育林禁烧柴草的命令》《关于护林失职追究制度》《关于禁止砍伐天然林的通知》等。乡镇、村制定《乡规民约》《村规民约》,明确封山育林育草的目标、任务、范围、措施、责任、队伍、考评等及对违约行为的处罚措施。

2. 建立了水保护林机制

以乡镇林业站、水保站工作人员、生态公益林管护员为主体,组建专业护林队,形成了"县指导、乡统筹、村自治、民监督"的水保护林机制。护林员由原来巡山为主改为入户查灶头为主,同时加大宣传和监督力度,严防火烧山。

3. 建立了群众燃料补助政策

从1983年就开始对封禁区群众给予燃煤价差补贴,沼气池建设补助和电补,2012年起对河田、三洲、濯田、涂坊、策武、南山、新桥等七个重点乡镇农户生活用电每度给予0.2元的补贴,对除汀州镇外的其余十个乡镇的农户生活用电每度给予0.05元的补贴,解决群众生产生活使用燃料的后顾之忧,从源头上疏导群众减少上山砍柴。

4. 建立了林权抵押贷款办法,治理水土流失

2013年,县政府出台《长汀县林权抵押贷款实施办法(试行)》等文件,明确"谁治理、谁受益,治理成果允许转让继承",让群众吃了"定心丸",使之成为战荒山治恶水的主人翁和主力军,涌现出一大批水土流失治理草根英雄。创新水土流失治理机制,实行"以奖代补""大干大支持"等优惠政策,充分调动广大人民群众治理水土流失的主动性和积极性,变"要我治理"为"我要治理"。在水土流失区,种植经济林果每亩补助300元,新建蓄水池每个补助180元,示范家庭林(农)场、生态示范基地和生态企业分别补助2万元、5万元、10万元;发展林下经济的,验收合格后,按实现产值的20%补助,每户最高2万元。

四、发展生态经济

1. 生态农业

长汀县正因地制宜发展特色种养业,"草牧沼果"循环种养生态农业，有力推进了水土流失区域的经济发展。利用牧草发展养殖，利用畜禽粪便发展沼气，沼液上山作肥料，使生态效益与社会效益、经济效益有机结合，探索出了一条可持续发展的水土流失治理道路。长汀县正探索推广林草、林茶、林药、林果、林竹等产业发展模式，积极引导农民发展大田经济、林下经济、花卉苗木、观光农业等家庭经营项目，实现生态效益、经济效益、社会效益多赢。

2. 生态工业蓬勃发展

长汀县正在推动纺织、稀土和机械电子等主导产业“绿色转型”，腾飞工业园、稀土工业园、晋江（长汀）工业园等“三大工业园区”正在打造中。长汀县结合水土流失治理工作，主动承接沿海劳动密集型产业的发展，重点发展纺织、稀土、机械电子、农副产品加工等工业和旅游、商贸等第三产业，通过产业的发展，转移水土流失区的生态人口，既发展了产业，增加了财政收入和农民收入，又减轻了生态承载压力和水土流失治理压力。

3. 生态旅游业处于起步阶段

长汀生态旅游尚处于起步阶段，吸引游客的主要县城古迹和乡镇的生态景观，许多项目还在建设当中。长汀县过去与凤凰齐名，但如今远远不如凤凰，知名度不高。该县以“一江两岸”景观修复工程、汀江国家级湿地公园建设、南坑乡村旅游等项目为重点，大力发展名城旅游、生态旅游、乡村旅游、休闲旅游等旅游业态。目前，“一江两岸”景观修复工程已完成投资3000多万元，完成了太平桥双廊桥建设等工程，济川门建设正有序推进，南坑乡村旅游、李城生态农庄等乡村旅游、休闲旅游项目加快推进，培育了一批森林人家、农家乐等项目，促进了农民增收致富。

五、创新治理方法

1. 创新理念

用“反弹琵琶”的理念指导治理。根据植被从亚热带常绿阔叶林→针阔混交等→马尾松和灌丛→草被→裸地的逆向演替规律，通过逆向思维，反其道而行之，按水土流失程度采取不同的治理措施，生态修复保护植被，种树种草增加植被，“老头松”改造改善植被，发展“草牧沼果”改良植被。

2. 创新技术

在上级各部门和科研院所的指导下,通过试验示范和实践总结,长汀县探索出一套因地制宜的综合治理模式。第一项技术是"等高草灌带"。造成水土流失的前提是降雨、坡长、植被,假如降雨、植被不变,只有截短坡长如挖条壕、竹节沟、水平沟来降低水土流失,根据坡面径流调控理论,提出坡面工程与植物措施有机结合的"等高草灌带"造林技术,改变以往有沟无林或有林无沟的单一做法,通过水平沟整地截短坡长,削减径流冲刷力,拦截坡面径流泥沙,促进水分渗入及有机质等养分沉积,改善沟内土壤水分、养分条件,为植物生长创造有利条件,水平沟补植林草,沟内草灌快速覆盖地表,形成一条条水平生长的茂密草灌丛——等高草灌带,有利径流泥沙的拦蓄沉积,控制水土流失。第二项技术是"老头松"施肥改造。针对长汀县水土流失区主要是纯马尾松林地,林下无草灌或少草灌,形成"空中绿化",不能发挥应有的生态效益的特点,在治理中大力推广"老头松"抚育施肥加以改造,促进老头松生长,促长其他伴生树草,增加生物增长量。第三项技术是陡坡地"小穴播草"。陡坡地生态环境恶劣,严重制约了植物生长和植被恢复,以草先行,种草促林,草比灌乔更容易做到快速覆盖,是陡坡地重建植被的有效途径。第四项技术是"草牧沼果"循环种养。在江西、广西等地"猪沼果"模式基础上,增加种草环节拉长循环链,以草为基础,沼气为纽带,果、牧为主体,形成植物生产、动物生产与土壤三者链接的良性物质循环和优化的能量利用系统,从而达到治理水土流失(种草),抑制农户砍柴割草(用沼气做饭、照明),增加农户收入(果业、畜牧业),推动了经济效益与生态效益结合、治理与资源的可持续利用。第五项技术是乡土树种优化配置。长汀水土流失区的马尾松纯林存在极大的生态安全与风险,如火灾、松毛虫,治理过程中从规避生态风险和遵循地带性规律出发,树种乡土化,喜阴与喜阳、阔叶与针叶、深根与浅根、常绿与落叶、速生与慢生优化配置,着力建立亚热带常绿阔叶林,形成阔叶林混交树种较多,乔灌草层次分明,稳定的森林植物群落,多重结构,复杂的森林生态系统。第六项技术是幼龄果园覆盖秋大豆春种。幼龄果园水土流失严重,果园套种秋大豆,改秋种为春种,只长叶不结果,绿肥压埋,从而达到果园快速覆盖减少侵蚀量，增加绿肥改良土壤，降低地表温度，稳定地温，为果树生长创造良好的环境，在南方具有普遍的推广意义。

六、加强生态监测

2000年以来，在全县布设了1个气象观测场、4个水土保持水文控制站、48个天然降雨径流小区、184个固定监测样地、6个土壤C通量观测点、10个枯枝落叶收集小区，形成了多层次的监测网络。其中水土保持监测站成立于2000年与县水土保持站合署办公，负责遥感监测及常规监测数据的观测采集、分析汇总，提高年度监测报告，是福建省5个重点县级监测站之一；2002年在河田赤岭（汀江上游控制面积777平方公里）和濯田曾坊（汀江流域控制面积1870平方公里）各布设一个中尺度流域水文监测点，监测汀江河径流泥沙的动态变化趋势；2002年在朱溪河上游游屋圳小流域（重点治理区，流域面积9.5平方公里）及高陂段小流域（对照，流域面积9.0平方公里）的出口断面各设一个小流域水蚀控制站，监测小流域范围内坡面及沟道径流泥沙的动态变化趋势，在2007年4月份被水利部列入全国30条重点小流域监测点；以2000年以来水土保持项目区为重点，根据不同水土流失治理措施设立20米见方的固定监测样地及径流小区作为治理效益典型监测点，至今已设立固定样地118个，径流观测小区29个，监测不同年度各治理措施效益（小气候变化、坡面径流泥沙、林草生长量、生物多样性、土壤养分等）；2003年以来先后在河田南塅铁路边坡及河田下坑稀土矿区各设有一个工程侵蚀监测点，应用沉沙池沙、标桩法对工程扰动地表的土壤侵蚀进行调查评估。监测设备方面，重点引进了澳大利亚“气候因子自动观测仪”、美国土壤C通量测定仪LI-8100等设备，应用先进技术进行生态环境监测，开展了坡面径流泥沙、生物多样性、土壤、小气候、遥感调查、小流域监测以及水蚀控制站、坡面径流小区、固定样地等调查监测及社会经济效益等项目，编制了《长汀县水土流失综合治理四年生态环境变化报告》《长汀县水土保持社会经济调查报告》《长汀县水土流失监测公报》《长汀县工程侵蚀调查报告》等成果，多角度、较全面地反映了水土流失治理工作开展以来的生态环境、社会经济的变化。

为保证监测工作顺利开展,长汀县成立了全国水土流失动态监测与公告项目实施领导小组,制定了水土保持监测人员工作职责、监测工作制度、监测数据采集上报规定以及监测操作规程等相关规章制度,在县水土保持局内部设立了水土保持监测站,专门负责监测工作实施,指定了专门的工程技术人员负责管理。同时,为了及时收集监测现场的第一手资料,在当地各聘请了一名懂监测技术、责任心强的监测人员长住监测点,一方面负责小流域内水土保持措施的管护,另一方面负责有关监测数据的收集和监测设备的管理和维护。

第四节 部门企业的具体工作

水土流失治理和生态环境保护是一项任务艰巨的系统工程,需要众多政府部门和企事业单位的协同工作。长汀县在县委和县政府的宏观领导下,正是在各部门和企事业单位的协同工作下,才得以把各项微观层面的水土流失治理措施落实到位,使生态环境逐步得到改善。根据社会实践队的调研成果,我们总结了各政府部门和企事业单位在生态文明建设中所做的主要具体工作,但他们的工作不限于此。

1. 环保局

(1)生态工业上,严格落实建设项目环境影响评价制度和建设项目"三同时"制度,严把好项目环保准入关、验收关,建设项目环保"三同时"执行率达100%,加强主要污染物减排和污染防治工作,积极开展清洁生产工作。(2)在生态农业上,重点抓好农产品"三品一标"工作,推广测土配方施肥、秸秆腐熟剂的应用,加强对重点流域生猪养殖场关闭拆除和限养区内生猪养殖场治理情况的调查摸底河巡查。(3)在生态林业上,大量植树造林。(4)在生态旅游上,完成多个工程的建设,征迁或修复。(5)在生态家园建设上,建设污水处理设施、生活垃圾处理设施,积极推进省级和国家级生态乡镇、生态村创建工作,深入有效地开展绿色学校、绿色社区等创建工作。

2. 水保局

(1)封山育林,自然修复。"一堵一疏","堵"即禁止砍树,"疏"即招商引资，劳务输出，让村民外出务工，增加村民收入，加之燃料补贴，以减少村民砍柴毁林，动员使用燃料。(2)恢复植被。人工干预种植树木、草等，组织实施，发动群众。种树直接改善水土流失，种草改善气候，降低温度，具有生态效益，种草可以养猪养牛，具有一定的经济效益。恢复植被是水保局的工作重点，水保局一直在摸索种什么，怎么种，什么时间种，探索不同坡面不同高度种植什么植被等。(3)与农民增收结合。发动群众、企业、公司等种植果树、茶树等经济作物，形成养猪、种果、种草三结合，相互作用，形成共赢。就长汀土壤情况来看，种果品质不是很高，还要引导老百姓外出务工增收。(4)科技推广。与福建农林大学等学校合作，筛选树种等，探索不同季节不同时间种什么种多少，希望利用量化支撑质化成果。

3. 农业局

(1)遵循土壤气候特点和植物树木生长规律，种植适合实际环境情况的植物品种，为生态自我修复创造条件。(2)增加使用有机肥，沼渣、秸秆等可作肥料，减少化肥使用。(3)在农业中减少农药使用，推广生物防治。(4)提倡清洁能源(沼气、电力、太阳能)，鼓励建立沼气池(宣传、补贴)，目前，长汀沼气普及率已达23%；鼓励用电，补贴电费。(5)协调养猪场与农民之间的关系，用利益将二者结合起来，养猪场将沼气有偿提供给农民使用，在盈利的同时可用资金建立服务网点为农民提供使用服务(前3个月免费使用，之后为有偿供应)。

4. 林业局

(1)资源保护，森林资源保护、湿地资源保护等。(2)资源培育，造林、封山育林、发挥种苗优势。(3)产业建设，加强林业产业建设，使木材采伐、林产品加工更通畅。(4)资源管理，林地、林权的管理，审核发放林权证，调解林权纠纷，林业法律法规的宣传建设，为生态文明建设打基础。

5. 财政局

长汀县财政局作为主司县内财政工作的行政单位，在县内贯彻执行财务制度的前提之下，按照政策组织财政收入，积极用活资金，在加强生态建设投入方面做出了积极贡献。在具体实施上，政策方面，财政局在2012年3月发布《长汀县水土流失综合治理项目财政资金管理办法(实行)》。2013年4月,出台《长汀县人民政府关于进一步加强水土流失综合治理财政专项资金管理的通知》。财政局对水土流失专项资金的规范处理上,做出了以下举措:(1)对相应部门设立专户,实行“八制”管理办法;(2)对项目资金实行县长“一支笔”审批制;(3)规定项目资金相应工程建设的开支;(4)规定项目资金不得用于偿还债务、建造办公场所、建设车间厂房、改善办公条件、购置车辆、购买通信器材、发放人员工资补贴等与水土保持工作无关的支出,不得用于项目管理工作经费。资金用度方面,2011年,全年投入资金11500万元,占总支出的41.8%。重点支持了“六千”水利工程、水土流失治理、农业综合开发、农村土地整理、商品粮基地建设、老区扶贫开发、森林植被保护和生态公益林建设等工程。长汀的在生态与农业方面的支出均占年总支出的40%左右,对长汀的生态发展起到了重要作用。

6. 人社局

人社部立足于本部门的工作来服务生态建设。其主要任务有三项。一是促进就业,二是社会保障,三是依法维权。生态县建设和人社部密切相关的是解决老百姓就业的问题,过去长汀县水土流失严重的重要人为原因,就是乡镇老百姓的生产生活都使用木材,靠山吃山,由此对生态造成了很大的影响。人社部主要是要引导农村劳动力从过去上山砍柴到下山入厂,引导他们进入工厂工作,改变靠山吃山的状况,转移富余劳动力,从而对生态建设做出一定贡献。在大力发展劳动密集型产业的大前提下,长汀已经建立起三个工业园区,不仅转移了现有的14万富余劳动力,还吸引了原外出务工的2.7万人回乡务工,有效解决了长汀的就业问题。从2014年来看,人社局把保障重点企业用工与促进城乡统筹就业有机结合起来,继续按照“政府搭台、企业唱戏、扶新扶优、扶强扶大”的原则,充分利用元旦等招工的黄金时间,采取超常规措施全力做好企业用工服务工作,全县掀起了企业用工服务热潮,取得了初步成效,重点企业用工得到基本保障,完成了县下达第一阶段挂钩推荐就业任务300人的87%,其中主要措施包括:(1)强化领导,落实责任,领导小组把企业用工服务工作列入了对乡镇的目标管理考核;(2)摸清底数,夯实基础,年前对企业需工情况和返乡及本地富余劳动力情况进行了调查;(3)大力宣传,营造气氛,长汀县、乡、村上下联动、互相配合,对县良好的用工环境和企业用工等信息进行了多渠道、全方位的宣传，大力营造新年务工长汀好的氛围；(4)牵线搭桥，构建平台，举办专场招聘会，招聘周活动等，让大量的劳动力通过各种渠道了解就业信息，找到满意的工作；(5)政企互动，优化环境，及时做好总结表彰工作，政府企业共同打造，使得长汀县就业环境进一步改善，吸引力逐步提升。

7. 科技局

制定和组织实施“科技兴县的”规划与年度计划；负责实用技术的引进与推广；负责科技经营与投放，科技数据的收集、统计、通报工作；负责专利项目的申报；沼气池的建设，推广清洁能源的使用；引进多品种的果树与植被，并先从小范围的实验到最后大规模的实施；鼓励科技创新，一些以稀土资源为主的企业逐渐转型；与一些高校合作建立一系列的工作项目。

8. 农发办

(1)山水林田路综合治理(整体方面)，将村子集中连片，建设农业基础设施。(2)水利措施：灌溉工程，排水工程，着重田间水利设施配套完整，引水渠道衬砌防渗，改善农田灌排条件。(3)农业措施：改良土壤，土地平整，田间机耕道路，农业机械，良种繁育推广等措施。(4)科技推广：加强对农民的技术培训，提高农民的科技素质；建设科技示范基地，加快农业科技在项目区推广应用。(5)加强已建设项目的建后管护工作，保证工程正常运转，长期发挥效益。

9. 扶贫办

扶贫办主司县内扶贫工作，提高贫困人口收入，提高贫困人口民生保障水平，改善乡村基础设施建设。近年来，长汀的扶贫开发工作中，扶贫办的主要工作有如下成效：(1)基本解决了贫困群体的温饱就医问题。(2)低收入群体和贫困村逐年减少。(3)低收入农民生活质量明显提高。(4)贫困村经济社会发展明显加快。长汀县扶贫办主要有如下举措：(1)实施造福工程搬迁。(2)干部驻村，帮助群众解决实际问题。(3)坚持扶贫到户，增强贫困户自我发展能力。其一，开展小额信贷扶贫；其二，开展贫困户劳动力转移就业培训；其三，开展产业扶贫。(4)加快城镇化和美丽乡村建设。“造福工程”，即将边远山区的农民甚至整个村庄都迁到相对发达的城镇周边地区，对他们进行异地安置，为他们提供住房以及相关补贴优惠,并为他们建立了专门的有关生活设施如饮水工程等。这样既解决了交通问题,使得他们医疗、就业、子女教育等方面更加便利,直接改善了他们的生活条件,与此同时又消除了原本住在山林里的居民对山林造成的生态压力,保护了环境,一举两得。

10. 信用联社

信用联社主要服务于小微企业、个体工商户、农民三大客户群,在工作中,把县城生态建设纳入信贷扶持的重点,支农、支小力度不断加强,加大水土流失治理和生态项目支持力度,对符合贷款条件的优先安排贷款指标,并不断创新服务方式,大力推行农户小额信用贷款、联保贷款、组合保等信贷“套餐”。到 2018 年 6 月末,该联社各项贷款余额增长 8.69%,其中涉农贷款余额占比 95.35%,增长 9.65%,小微企业贷款余额增长 25.33%,“两小”贷款余额占比 9.74%。涉农贷款,比一般的贷款利率少 30 点,烟草贷款则比一般贷款少 100 个点。长汀林业资源很丰富,县里面有成立林权服务中心,林权的小额贷款先自己付息,之后会贴息,返回一部分利息,这些钱是上级和本级财政各付一部分。林业贴息,一年 5000 万左右,贴息本金一年最高 30 万。林业贷款主要用于施肥、修路、修建防火隔离带,发展林下经济,生产竹席、筷子、牙签等。

11. 企业单位

长汀县坚持发展纺织服装、机械电子、稀土深加工和农副产品加工、名城旅游等 3+2 主导产业,均为清洁产业。长汀县对企业进入的门槛比较高,污染严重的企业都不会引入,对保持空气的清新,对排放限制都比较严。众多企业在长汀落户,解决了当地就业问题,带来了财政收入,为当地做出了贡献。整个开发区有三四万人,把农村劳动力吸引到公司来,他们就不会在家里面砍柴,减少了对森林的破坏。各企业单位也为生态文明建设做着力所能及的贡献。

盼盼食品有限公司贯彻落实科学发展观,积极参与新农村建设,认真学习贯彻《节约能源法》和省市节能法律法规,坚持“节能优先”的方针,发展绿色工业,通过技术改造创新,节电节煤。用技术提升行业水平,生产优质、绿色、营养、生态、安全的现代化休闲食品。

稀土行业属于重工业,稀土元素里有一个含辐射,但长汀的金龙稀土不生产这个元素,他们生产的元素都是不含辐射的,该公司员工在生产中都戴口罩，工作环境中有消尘的设施。

荣耀集团在生产过程中不使用锅炉，不会产生烟尘。有一些噪音，但有隔音设备，房离居民远，不会影响居民生活。把环保和经济结合在一起的，废物排放、污水处理都算在成本里面。

海华纺织有限公司的主营生产活动纺纱、织布、服装均为低碳产业，使用清洁电力，污染排放少，没有发展会产生一定污染的印染，企业响应政府号召，打造生态园林工业，增加工业区植被种植。

安踏集团（长汀）在生态环境保护上做了很多工作：其一，注重培养员工的环保意识，企业会适时对员工的环保观念和意识进行相关教育，其内部清洁人员都能主动做到垃圾分类和回收。其二，加大环保产品的研发力度，材料的研发和使用都很注重环保。其三，标准严格，生产的标准，更多的是省级国家级的，在监管上，安踏产品都需要到相应机关检测，合格之后才能销售，这些都从根本上保证了绿色产品的出炉。安踏作为民族性品牌，企业高度重视生态环境建设，不以牺牲环境来使企业利润增长，安踏专注做体育用品，绝不踏足污染严重的行业，绝不做出拿绿水青山换产能效益的事情。

第四章　长汀县生态文明建设存在的困难和挑战

在中央、省、市、县各级党委、政府的高度重视、关心、指导和支持下，长汀人民发扬“滴水穿石、人一我十”的精神，坚持“政府主导、群众参与，多策并举、以人为本、持之以恒”的绿色发展道路，形成一套有效的做法和经验。但是，生态文明建设之路曲折艰辛，仍然面临着诸多困难和挑战。

第一节　资金、技术和人才不足

生态文明建设中所需的资金并不充裕。长汀县经济总量小，农民人均纯收入、人均财力处于全省较低位，仍为福建省经济欠发达县和需要省财政实行基本财力保障补助的县，主导产业规模不大，综合经济实力尚弱，县财政用于水土流失治理和生态文明建设工作的资金有限。在以往的治理中，群众投工投劳占到治理总投入的70%以上，近年来由于农村青壮年劳动力多数转移就业，劳动力缺乏、工资成倍增长，作为治理成本中重要部分的肥料价格也成倍增长。同时，燃煤、液化气等物价的上涨，致使群众砍枝割草当燃料的现象有所反弹，给封山育林工作带来新的压力。城乡基础设施建设进度缓慢，如县城生活污水处理厂、生活垃圾无害化处理厂等关键性项目目前尚在做前期工作。虽然近些年得到中央和省市有关部门大量资金支持，但与艰巨的建设任务相比，资金并不充裕。如财政局、农业局、农发办、扶贫办、林业局、科技局等部门均反映存在资金投入不足的问题。

基层一线人员和高端技术人才不足。如农发办反映农业技术方面的人才太少，基层工作人员待遇低，工作环境差，转行人数多，对推广农业科学技术造成了一定的困难。科技局也反映基层一线工作人员不足，参与主体少，使得科技推广难度大。林业局也认为应该改善提高基层科员干部工资待遇，希望技术职称晋升通道能够更通畅。人社局也反映长汀县企业高端技术人员缺乏，引进困难。很多企业也面临用工荒，不仅高端技术人员缺乏，普通员工也有缺口，一些企业在员工短缺时导致生产停滞，机器闲置。

第二节　经济发展与环境保护依然存在矛盾

与沿海兄弟县市相比，长汀县引进科技含量高、附加值高的项目在区位、人才等优势方面不明显。且作为水土严重流失区域和汀江的源头，森林蓄积和水源涵养的压力大，生态公益林比重高。按照主体功能区划的要求，长汀县产业选择受到限制，许多乡镇属于禁止开发、限制开发区域，生态保护与产业发展的矛盾依然突出。

长汀县目前存在过分重视生态效益而对经济效益重视不够的问题。长汀县是贫困县，以生态环境建设为导向的经济政策和制度、生态建设效益补偿机制等相关政策和考核办法不健全，也无力落实补偿款。集体林权制度改革后，林区老百姓“靠山致富”的愿望强烈，但受封山育林、区域禁伐等生态保护政策的限制，重点生态区位的商品林和天然商品林既不能采伐利用，又没有生态补偿，压缩了林农从林业受益的空间，在一定程度上挫伤了群众管山护林积极性。政府对高品质林管理过死，高品质林本来就是用来采伐产出木材的，希望放宽政策，健康发展，这样才能越做越大，越做越强。应大力发展商品林基地，为生态建设提供物质基础与有力保障；部分政策阻碍了林农发展，比如理论上来说，十年砍伐比较好，实际中却是政策决定了能不能砍，其实这是在政策上剥夺了产权，其处置权、收益权不在林农手中。每砍一棵树都要经过林业局批，现实政策挡路，虽是砍自己的，但砍多砍少都要被罚，这也造成了企业家不敢投资。不管谁去造林，都应该有补贴；生态效益是没有补偿的，经济效益到采伐时才能看到，为可持续发展，应发放补贴。2013 年起，福建省生态公益林补偿标准为17元/亩,虽有较大提高,但与经营商品林平均每年每亩收益50～100元比,还未从合理补偿层面解决问题。

第三节　政府行政效率有待改善

长汀县政府与群众、政府与企业、政府各部门和上下级之间的沟通协调还有待加强。目前仍有部分干部群众对统筹城乡生态环境保护的紧迫性、复杂性、艰巨性认识不足,参与生态的积极性不强;少数单位对生态建设,环境保护的认识还不到位,需要进一步强化生态理念,树立正确的发展观和政绩观。有时上级要求有关部门提前两年写好规划,但水土流失情况,每年都有所不同,变数大,提前两年写规划不科学。生态文明建设的考核制度存在不合理的地方,未深入实地考察,而是采用航拍技术进行片面的判断,一些落叶林在夏天被航拍为植被覆盖,在冬天被航拍为荒地。有时领导的决策也存在不科学的地方,不了解实际情况就下决定,走官僚主义,一味地追求落实防止水土流失,强制要求不能种植果树、茶叶,但实际情况为梯田种植对水土流失并不会造成太多的水土流失。长汀县政府各个部门在生态文明建设中采用坚持同一方针,自行组织活动的组织方法,不可避免地存在工作重复、效率低、多头领导的问题。在各个部门共同处理生态建设形成合力上还有待提高。各个部门和单位在互相借鉴、分享经验、进行对接工作方面尚有欠缺,各个项目的承担单位任务非常重,在具体实施过程中各单位的互动仍需加强。在政府与群众的关系上,缺乏行之有效的调动社会力量参与水土流失治理和生态文明建设的体制机制,群众参与水土流失治理和生态文明建设的积极性、主动性仍需提高。水土流失治理和生态文明建设与改善民生结合还不够,水土流失治理和生态文明建设仍需更加有效地促进百姓增收致富。

第四节　生态文明建设工作的科学性有待提高

目前长汀县虽然加强了与科研院所和高等院校的合作，引进人才，在很大程度上保证了政府决策的科学性，在生态文明建设中仍存在一些不科学不合理的地方。如长汀县植被主要以马尾松等针叶林为主，针叶林所占比例高达80%，但针叶木含氧含水较少，保护水土及生态效益不及常绿阔叶林，另外，针叶林易发生火灾，病虫害较多发，且落叶呈酸性，会影响土壤结构。以后应该种植更多的阔叶林，它们含水多造氧多，生态效益最好，但这势必要除掉部分老弱病残马尾松，如此一来又会违反相应禁止砍树法规，执行起来有矛盾冲突。又如果树效益高，树种的筛选需要长期摸索，新品种的引用、推广、改进还需加强。

第五章 长汀县生态文明建设的政策建议

人类顺利推进任何一项事业的发展所面临的资源都是稀缺的,而且人的理性是有限的,这意味着任何一项伟大的事业都不是轻而易举就能完成的,都要付出艰辛的努力才能取得成功。长汀县生态文明建设面临诸多困难和挑战,归根结底是资源稀缺和人的理性有限。为了更好地造福长汀人民,顺利推进长汀生态文明建设,我们利用所学的知识,提出以下政策建议,以供参考。

第一节 加大资金、技术和人才投入

面对着艰巨的生态文明建设任务,长汀县要开源节流,加大生态文明建设资金投入。要建立多元化投入机制,通过招商引资,以长汀特有的优势与资源为契机,吸纳外来企业资金的投入和本地人的投资入股。引进污染较轻的企业(如安踏等人力密集型的服装加工类的企业),拓宽财路,在增大经济规模的基础上,增加财政收入。在增加财政收入的基础上,加大政府对生态文明建设资金的投入,增加财政预算中列支生态县建设专项资金和以奖代补资金。同时还要引导各乡镇、各部门紧抓国家对生态建设项目的投入机遇,积极向上争取资金,不断充实生态县专户的资金。在资金使用上,要做到精兵简政,在处理相关工程时减少中间过程的额外支出,在调度资金运作时,统筹安排,统一运作,增强资金的使用效率。各乡镇、各部门要把生态保护与建设项目纳入基本建设和技术改造项目计划中,做到城市经济发展与生态保护相结合、工业污染防治与地方基础设施建设相结合、农村脱贫致富与生态建设相结合,有效整合各部门专项资金。另外，加强企地共建，煤炭、石油、天然气等资源开发企业要加大资源开发过程中的环境保护投入，制定用于生态环境治理或恢复项目建设投入计划并有序实施。

面对着人才和技术的缺乏，长汀县要积极地实施科教兴国战略和人才强国战略。一方面应大力发展地方教育，建立以农业高校、科研院所为龙头，以农村基础教育、职业教育为基础，以网络教育和继续教育为支柱、以县乡农民培训学校为骨干的多层次的农村教育培训体系，进一步加大对农民的培训力度，提高劳动者的素质。另一方面应继续加强与高等院校、科研院所的合作，大力引进人才，尊重人才，依靠人才，要改善基层工作人员的工作环境和工资待遇，充实基层一线的技术人员。

第二节　统筹协调经济发展与生态保护

长汀县生态文明建设应继续坚持以人为本、改善民生，正确处理保护生态和改善民生的关系，坚持为改善民生而加强生态文明建设。环保是一把双刃剑，环保力度过大，会制约工业的发展，环保力度不足会影响生态的建设。它们之间需要存在一个平衡点，这个平衡点应随着社会的进步、经济的发展有所变动，并采取措施维护它们之间的平衡，实现经济的可持续发展。生态文明建设不仅是生态环境建设，也是经济建设，应坚持以人为本，关注居民幸福指数，建议把长汀人民幸福指数的提高作为生态建设目标的一个部分。要发挥人民主体作用，在生态文明中，要切实做到“三个结合”：与农民增收致富相结合；与发展生态富民产业相结合；与“身边增绿”相结合。

长汀生态文明建设依赖于经济的发展，生态经济的发展与该县各个方面的建设都密不可分。长汀县在生态文明建设中也应发挥市场机制的作用，重视经济效益，真正实现经济效益和生态效益的统一。这就要求政府要简政放权，不该管的不随便管，能由市场解决的尽量依靠市场解决。市场经济体系的良好运转需要有大量决策科学、理性务实的市场主体作为支撑，政府的改革应让农户、林户、企业掌握充分的经济自主权，作为独立的市场主体参与到经济活动中。市场经济的运转是要靠利润驱动的,对在生态文明建设上采取的每一个行动,实施的每一项政策措施,都要考虑这些行动或政策措施对各个市场主体成本和收益的影响,制度的设计应让这些市场主体从生态文明建设中获益,只要收益大于成本,生态文明建设就是自动实施的。要按照“谁治理、谁投资、谁受益”和“谁造谁有谁受益”的原则,创新社会参与机制。对于确实无法做到收益大于成本领域,则应作为公共产品由政府提供。长汀县的生态文明建设应紧跟中央改革的步伐,加快产权制度、法律制度等正式制度建设和改革,提供制度保障。逐步推进完善农村的农地产权制度和林权制度,为市场经济的正常发展提供制度前提,也为发展生态经济营造良好环境。

在企业的生产活动中也要做到经济发展与生态环保兼顾。现代企业的发展中应该引入生态理念,形成企业生态文化自觉,树立良好的企业形象,积极面对进入世界市场的绿色壁垒。建立企业生态文化自觉,应从高到低、层层深入、人人参与。首先,应从生态道德文明建设、生态制度文明建设、生态技术文明建设三个方面进行,以生态道德文明建设为软约束,以生态制度文明建设为硬约束,以生态技术文明建设为支撑,做好企业生态文明建设。其次,可以建立企业生态管理系统和生态评价系统,用指标“说话”,使企业的生态文明建设与每个人息息相关。再次,政府部门应该积极监督和帮助企业。尤其是对于长汀县这样一个曾经的水土流失重灾区,政府部门更应该严把企业“生态”关,监督企业的生产经营活动,同时对企业在可持续发展中出现的问题提供咨询和帮助。

第三节　建设高效率的服务型政府

适应于当代中国所处的历史发展阶段和国情特点,长汀县政府的运作要坚持党的民主集中制原则,加强上下级之间、各部门之间的沟通协调,形成高效廉洁、团结实干的服务型政府,真正形成生态文明建设的合力。政府要进一步加强领导,做好对生态文明建设的科学规划和顶层设计。制定推进生态文明建设的各项规章制度和法律法规,并严格执法,保障各项政策措施能顺利实施。建立科学的考核评价体系,做好对生态文明建设的监督检查。建立即时的公共信息平台，在各部门的统筹协作，资料文件共享上拥有成熟的系统支持。

长汀县政府的领导干部更是要深入基层，重视调查研究，多倾听基层干部和群众的呼声，保证决策的科学性。要完善政府决策机制，一项好的政策的制定，需要看其是否有利于人民群众生活水平提高，是否有利于经济建设、社会发展、环境保护的全面协调，是否有利于构建和谐社会。应完善长汀政府的决策制度，将环境保护、资源利用率等因素纳入决策范围，同时加大监管力度，进行科学、系统的分析与调查，是政策利民利国与否的决定因素。政策的实施是由上而下的，一项好的政策的实施需要各级政府官员与广大人民群众进行有效配合。因此，建议加强政府各级机关之间，政府机关与广大群众之间的联系，定期开展研讨会议、社区教育等，使党的路线方针与当前政策相连接，深入民心。并且开辟专门途径，扩大公众参与生态文明建设途径，在广大人民群众之间集思广益，如此制定的法律法规和政策措施即可避免领导一套，干部一套，人民群众一套的不良做法。

第四节　增强生态文明建设工作的科学性

科学技术是第一生产力，长汀县的生态文明建设也要依靠科学，要注重科技支撑，遵循自然规律，因地制宜，分类实施，做到科学规划、科学治理、科学造林。为了使所有的决策更具有科学性，长汀县一方面要通过教育宣传等形式不断提高全县人民尤其是处于决策层的领导干部的科学文化知识水平，另一方面，应继续加强与高等院校、科研院所的合作，除了继续加强与自然科学家的联系，也要加强与社会科学家的联系，尤其是经济学家对于一个县域的制度设计和未来规划会有着更清晰的认识。

要使得广大人民群众在生态文明建设中做出更科学的决策，一方面要发展教育，提高人民群众的科学文化素质，增强生态环保意识和能力；另一方面要加强宣传，营造生态环保的浓厚氛围，推广与生态环保相关的科学技术和文化知识。水保、宣传部门及相关单位，要尝试通过不同的渠道,形成立体宣传模式,广泛开展宣传教育培训,组织人事部门将生态县建设作为干部培训和专业技术人员继续教育的重要内容,教育部门将生态知识纳入中小学教育内容。深入开展城镇文明创建,增强公众的生态意识,使生态伦理标准成为公众自觉遵守的道德规范。积极开展形式多样的绿色创建活动,将改善村容村貌与环境优美乡村、绿色社区、绿色学校等创建活动相结合,将绿色消费与节能减排、绿色宾馆、绿色饭店等创建活动相结合,迅速在全县上下掀起创建国家水土保持生态文明县的热潮。生态文明建设需要持之以恒地提高当地人民的生态意识,尤其是村民文化水平较低、生态保护意识较弱,养猪的粪便排放、生活垃圾的处理等问题都和当地环境密切相关。除了采取一定措施改善环境,从改变村民观念入手的方式难度大,但是具有持续的效应,有利于长期的环境保护工作。

第五节　走具有长汀特色的经济社会发展道路

长汀有着独特的地理环境和历史文化,是国家历史文化名城、世界客家首府、红色故里,如今更是一座生态之城,全县森林覆盖率达79.4%。长汀应充分利用这些资源,坚持生态立县、工业强县、农业稳县,走出一条具有长汀特色的社会经济发展模式。长汀旅游资源丰富,特色鲜明,是实现大发展的重要基础。建议把长汀县的未来发展定位为一座生态旅游城市,加强与周围红区和客家区的合作,着重发展绿色经济、旅游经济,把长汀打造为闽西生态文化名城。为此,长汀可以牢固树立大品牌、大产业的理念,整合有价值的景点,大力发展生态旅游产业,发展农家乐。坚持旅游开发规划服从服务于全县生态环境建设总体规划,根据自然保护区、风景名胜区、森林公园等不同区域功能和环境特点,将生态观念融入旅游资源的保护与建设,适度开发旅游景点,合理利用自然遗迹、水库、森林等旅游资源。倡导旅游"绿色消费",使全县旅游业发展与生态环境承载能力相适应。以旅游业为龙头,大力发展第三产业,大力发展绿色商贸、绿色物流、绿色住宅为重点的现代生态服务业。把文化旅游产业发展作为引领县域经济加速转型、突破发展的着力点和突破口。

长汀拥有能够吸引游客的旅游资源，但宣传力度不够，知名度较低。长汀县旅游资源分散，没有形成旅游产业链，游客到了长汀之后主要靠询问当地居民了解旅游路线、主要景点和地方特产等。总之，长汀有许多旅游资源尚未得到开发和利用，其潜力还有待开发。长汀应加快发展旅游业，打造能留住游客的地方旅游特色。如制作旅游手册向游客发放，帮助游客制定旅游行程，同时对旅游产品进行宣传；长汀豆腐干等地方特产可通过豆腐干节、美食节等形式，吸引更多游客。发展至今的长汀，其工业主要以劳动力密集型产业为主，以后应转变生产方式，通过科技改良、机械化生产等方式提高人才利用率，增加人均产值，最大限度地降低生产对环境污染的影响。应大力发展科学技术，向高精尖领域前进，在维持山城古老底蕴的同时紧跟时代潮流。

结语

总体上来说,长汀县在政府和领导的高度重视下,动员全社会的力量,在生态文明建设上做了大量艰苦的工作,取得了卓越的成效,形成了值得推广借鉴的生态文明建设长汀经验,长汀县的生态文明建设任务仍十分艰巨,面临不少困难和挑战,仍然需要长汀人民继续发扬滴水穿石、人一我十的精神,再接再厉,锲而不舍,继续推进长汀县生态文明建设。长汀县的生态文明建设应继续巩固已取得的成果,着重完成现在面临的任务,继续发扬长期努力工作所形成的长汀经验,不断克服存在的困难和挑战。学习长汀经验,对推进我国生态文明建设、造福人类具有重要意义,对推动人类文明发展也提供了有益的启示。

第三部分

长汀县三镇生态文明建设概述

第一章　中国特色社会主义生态文明建设长汀模式在河田镇

河田镇是我国南方水土流失最为严重的地区之一，自 20 世纪 40 年代开始河田镇的人民就开始探索治理水土流失的方法，由于自然和人为的原因，那个时期的水土流失治理并没有取得太大的成效。但是，河田镇的人民并没有放弃，在政府和社会各界的大力支持下，充分发扬“人一我十，滴水穿石”的长汀精神，将生态工业、生态农业、生态旅游业、生态林业等方面的发展与生态文明建设紧密联系，将昔日的“火焰山”变成了“花果山”，不但取得了水土流失治理的巨大成功，而且取得了巨大的经济、社会以及生态效益。在成功面前河田镇的人民并没有止步不前，现在河田镇成为省级水土流失治理示范区，正在进行打造“生态家园”的计划，成为践行习总书记“进则全胜，不进则退”批示的模范。

第一节　河田镇生态环境概况

生态环境的范围比较广泛，既包括自然地理环境，也包括社会经济环境。本部分主要介绍河田镇的自然地理和经济社会的基本概况，其中水土流失问题作为河田镇生态文明建设过程中的起点和重点，本部分特具体介绍河田镇的水土流失问题的概况。

一、河田镇自然地理概况

河田镇地理位置优越，位于素有“红色小上海”“客家首府”之称的长汀县中部，汀江上游两岸。东经 116°16′～116°30′，北纬 25°35′～25°46′，东邻南山,南与涂坊、濯田接壤,北与新桥相连,西与策武交界。总面积285.5平方公里,耕地面积4.3万亩,山地面积32万亩。现辖31个行政村,168个自然村,367个村民小组,1.3万户,总人口6.8万人,是龙岩市农村人口最多的乡镇。全镇低山高丘环绕四周,中部开阔,呈锅形地貌,是长汀县最大的河谷盆地。海拔300～500米,气候温和,雨量充沛,年均气温17～19.5℃,历史上最高气温39.8℃,最低气温－4.9℃,年无霜期265天,年降雨量1700毫米。水、光、气、热配备良好,适宜各种亚热带、温带作物生长,具有高产优质的自然优势,山、水、田、园多种类型兼而有之。

河田镇历史悠久,始建于唐朝开元二十四年(736年),文化底蕴深厚,当时这里山清水秀,土地肥沃,森林茂密,柳竹成荫,河深水清,舟楫畅行,令人流连,故名留镇、柳村。唐初以来,不少客家先民举家陆续迁徙至河田,主要集中在一个当时名叫竹子垄的地方开基创业,故又称河田为竹子垄。历史上因经常山洪暴发,洪水泛滥及连续发生多次森林大砍伐,丘陵、山地植被遭受严重的毁坏,水土流失连年加剧,河与田连成一片,使河田镇成为全国水土流失最为严重的地方之一,出现了“柳村无柳,河比田高”的奇怪现象,故把柳村称为河田。

全镇低山高丘环绕四周,中部开阔,呈锅形地貌,是长汀县最大的河谷盆地。海拔300～500米,气候温和,雨量充沛,年均气温17～19.5℃,历史上最高气温39.8℃,最低气温－4.9℃,年无霜期265天,年降雨量1700毫米。水、光、气、热配备良好,适宜各种亚热带、温带作物生长,具有高产优质的自然优势,且具有山、水、田、园多种类型兼而有之的土地结构。

二、河田镇经济社会发展概况

1. 河田镇工业发展概况

河田镇是长汀县的工业大镇和工业强镇,自改革开放以来,特别是20世纪90年代后期,镇党委、政府立足河田镇情,创新发展思路,大力实施项目带动战略,以工业化带动城镇化,以城镇化促进民生改善,成为长汀县的龙头,被规划为“省级小城镇”。河田镇的发展思路、发展成就和创新精神，得到中央和省、市领导的充分肯定，被誉为“长汀现象、长汀模式、长汀经验、长汀精神”。

长汀县抓住晋江市与长汀县结为省级扶贫开发和水土流失治理工作对口帮扶市县的有利时机，把“晋江经验”和“长汀精神”有效结合，成立晋江(长汀)工业园区建设工作领导小组及管委会，该园区聚集了河田镇的大部分工业，也是我们本次调研的重要对象之一。晋江(长汀)工业园于 2012 年 6 月份成立，7 月份挂牌，该园区位于长汀县河田及涂坊、南山镇，规划总面积 10000 亩，其中河田片区规划用地 5000 亩、涂坊片区 2000 亩、南山片区 3000 亩，计划用 5 年分三期开发建设。河田片区主要引进高端纺织企业、网络产业、生物制药、机械电子产业，涂坊、南山片区主要落户农副产品加工企业。该园区省重点项目建设有 6 项，包括金怡丰化纤、泰成高档针织品、盼盼食品工业园、粮食制品及配套产品加工生产、速食方便面酸菜包系列产品及园区基础设施项目，总投资 41.7 亿元，其中今年计划投资 7.31 亿元。据了解，前 3 个月，有 6 个省重点项目已完成投资 3.192 亿元，占全年计划目标的 43.7%，其中，建豪食品公司投资 2.2 亿元的粮食制品及配套产品加工项目，完成投资 4920 万元；泰成针织公司投资 3 亿元的泰成针织品生产项目，完成了全年计划投资的 75%；由金怡丰工贸公司投资 6.4 亿兴建的金怡丰化纤项目，完成了全年计划投资的 56%；总投资 12 亿元的长汀盼盼食品工业园，完成全年投资 1.5 亿元的 40%。

河田镇目前工业经济的发展路径是做大做强、快中求好，主要是加大晋江(长汀)工业园开发建设，落实土地征收 1780 亩，完成工业固定资产投资 6.9 亿元，其中新建标准厂房月 2.7 万平方米，至目前园区累计开发面积 4000 余亩，工业平台建设不断完善。

2. 河田镇农业发展概况

河田镇是农业大镇，物产丰富，种类繁多，是长汀县主要的粮食基地之一，但是由于水土流失非常严重，农业的发展受到限制，百姓生活水平得不到提高。近年来，河田举全镇之力掀起了新一轮水土流失综合治理高潮，自然生态环境持续改善，生态美了，该镇又把目光聚焦在了“百姓富”的目标上，以发展现代生态农业为抓手，努力实现农业增效、农民增收、农村致富。

河田镇过去是个体户分散化经营劳作,耕地种植有着较大的差异性,个体农户缺乏专业的技术支持和一定的资金支撑,导致农作物产量不高、销路不畅、劳动力大量闲置,而长汀土地流转合作社的涌现,首先促进了规模化种植和产业化经营。河田镇是农民劳力外出经商打工较多的乡镇,该镇在龙岩市率先成立了2家农村土地流转专业合作社,以土地流转解决劳力外出耕地无人耕种的问题。

土地流转合作社的涌现亦促进了专业化经营,由于耕地连片流转,不再局限于小片种植,这为专业化经营提供了有利条件。全国种粮大户付木清在河田土地流转1693亩,还在三洲乡土地流转1049亩。耕作面积大了,他发挥自己拥有118台套农机设备的优势,采取全程机械化操作的种植管理模式。在耕作完自己流转的耕地之余,他先后组建成立远丰优质稻专业合作社、清荣农机专业合作社、远丰农作物病虫害防治专业合作社,面向周围种植户开展专业化服务,并且示范推广新技术、新品种、新农药、新农机,还与台湾客商卢月香合作种植1200多亩的台湾绢光稻,使得当地的农业机械化水平迅速提高。到目前,长汀县土地流转面积11.6万亩,占全县耕地的38%,全县农业形成了烤烟、槟榔芋和优质稻三大农业主导,其中优质稻种植面积10万亩,烤烟种植面积7万亩,槟榔芋种植面积4万亩,年销售槟榔芋达到10多万吨。

以河田镇为代表的长汀农业,在稳步推进农业产业化经营的同时,着重突显"生态循环",森辉农牧业生产基地以种猪的养殖、培育为主业,同时以此为依托,发展产业链,加强农业产业上下游的联系,扩大农业盈利空间。在生猪养殖基地选取方面,选择河田镇山区丘陵地带,边建设养殖基地边进行森林种植,在各个种猪场形成天然防疫屏障,对于降低猪舍温度、杀菌防疫、净化空气有着极其重要的作用。在生猪养殖饲料的选取方面,与当地农户合作,将农户种植蔬菜的容易丢弃的部分进行回收,再进行一定的加工,加在精饲料中,对生猪营养均衡进行精致地搭配与调和,同时也提高了当地农户的经济收入。在猪舍废物清理环节,引入国内最为先进的沼气沼液发酵分离设备,沼液运到附近的杨梅园等农业产业园进行施肥,极大地提高了杨梅的产量,同时沼气进行了二次开发,预计沼气发电、沼气燃料设备也将开工建设,并且发挥出更大的作用。

3. 河田镇林业和旅游业发展概况

河田镇曾经是我国水土流失最严重的乡镇之一，据 1985 年的卫星遥感普查，水土流失面积达 19.23 万亩，占全镇山地面积 34 万亩的 56.6%，2012 年以来，按照习总书记“进则全胜、不进则退”的批示精神，以及省委提出的“百姓富、生态美”的工作要求，该镇迅速掀起新一轮水土流失治理高潮。近三年来，累计完成林草种植 2.98 万亩、低效林改造 2.71 万亩、林木抚育 3.3 万亩、封禁治理 9.15 万亩、经济林果种植 1.33 万亩，实施生态护岸建设和河道清理 20.39 公里，治理崩岗 84 座，新建或维修水保区间道路 37.37 公里。目前，全镇治理面积达 90%以上，森林覆盖率达 86.4%，自然生态环境持续改善。2013 年，该镇顺利获得省级生态镇和市级绿色乡镇命名，目前，国家级生态镇申报通过专家组评审。

生态文明建设与改善农民的生活必须“两手抓，两手硬”，河田镇目前正在大力发展观光旅游业。首先河田镇的人文资源丰富，有著名的宗祠一条街，这条街堪称三江流域客家第一街，现在保存比较完整的宗祠有 18 座，正在打造客家商业文化街。水土保持科教园也是重要的人文景观，主要记载了河田镇的水土流失治理历程，以及河田镇生态环境和人民生活的巨大变化。河田镇为了建立省级小城镇示范点，着力推进安全人饮水工程、污水处理厂、垃圾中转站、农村环境连片整治等项目相继实施，实现农村生态生活协调发展。以露湖、刘源、蔡坊等“美丽乡村”示范点为带动，通过环境综合整治，绿化美化庭院，精心打造宜居环境。另外，河田镇的自然资源丰富，林业资源丰富，林下经济快速发展，“露湖千亩板栗园”和鲜切花基地，培育建立了金线莲、百香果和黑山羊、竹鼠等一批特色种养基地，既增加了农业产值和农民收入，也促进了生态农业观光。河田镇的青年世纪林以杨梅种植为主，在林下种植了花生、西瓜等经济作物，充分利用了土地资源。河田镇的地热资源也比较丰富，目前正在开发温泉旅游度假区。

三、河田镇水土流失问题概况

河田是全国的严重水土流失区。由于历史的林权纠纷，大规模地砍伐林木资源、纵火烧山以及一些人为因素,造成严重的水土流失,四周山岭尽是一片“红色”。20世纪40年代初与陕西西安、甘肃天水被列为全国三个重点水土保持试验区,素有“火焰山”之称。1983年普查流失面积19.23万亩,占山地面积55.4%,流失面积之大、程度之严重居全国之首。

1. 河田镇水土流失的自然因素

水土流失一直是长汀县的人民面临的一个重大的难题,河田镇又是长汀水土流失最为严重的乡镇。早在1941,福建省研究院“河田土壤保肥试验区”研究人员张木匋先生在长汀河田治理水土流失工作期间,在日记中有这样的记载:“四周山岭,尽是一片红色,闪耀着可怕的血光。树木,很少看到。偶然也杂生着几株马尾松,或木荷,正像红滑的癞秃头上长着几根黑发,萎绝而凌乱。在那里不闻虫声,不见鼠迹,不投栖息的飞鸟,只有凄惨静寂,永伴着被毁灭的山灵。”长汀县也因此与当时的陕西西安、甘肃天水被列为中国水土流失最为严重的地区。长汀县河田镇水土流失之所以如此严重,有各方面的原因。

河田镇水土流失的自然因素主要是地质地貌和气候因素。河田镇的成土母岩中,大部分是黑云母花岗岩,结构疏松,而河田镇又属于亚热带季风气候,雨水的总量大,暴雨比较频繁,冲刷严重,容易造成水土流失。崩岗侵蚀破坏了原有的地形、地貌,使山地变得千沟万壑,支离破碎,导致严重的水土流失和江河淤塞。溪河阻塞,河床抬高,山塘水库淤积,径流量下降,不仅影响了水上交通航运和渔业生产,限制了区域的生产门路,形成单一的农业生产,经济结构简单,人民生活贫困,而且易涝易旱,灾害频繁,严重威胁了水土资源的永续利用,妨碍了工业、农业生产,影响了人民生活水平的提高。严重的水土流失,又导致农业生态环境日趋恶化,植被难以自然恢复,山地植被越来越稀疏,土壤的有机质含量越来越低,树苗生长了20多年还长不成大树,都变成了“老头松”,水土流失和植被破坏形成了恶性循环。当地百姓流传这样的民谣:“长汀哪里苦,河田加策武”,“头顶大日头,脚踩沙孤头,三餐番薯头”。这些民谣充分表现了水土流失给长汀人民带来的苦难。

2. 河田镇水土流失的人为因素

虽然自然因素是河田镇水土流失的一个重要原因,但更主要的是人为因素。水土流失导致群众的燃料、饲料、肥料、木料极其缺乏，生活贫困，传统生活方式以及能源结构不合理，集体林权制度下没有相关的惩罚和补偿奖励机制，民众容易上山乱砍滥伐。

中国农民传统的生活方式是以农业为主，而且主要是“靠天吃饭”，向大自然索取，靠山吃山，靠水吃水。中华人民共和国成立后，由于长汀地处边远山区，经济发展一直比较慢，能源结构也比较单一，农民生活水平比较低，大部分人连煤和电都用不起，更不用说沼气、天然气和太阳能等清洁、高效能源。农村缺少能源、薪柴和化肥，为了解决农村烧柴和农业肥料问题，农民们上山大量砍伐植物，造成了植被破坏。制度上主要是集体林权制度不合理，以前的山林是集体所有，集体经营，集体共同拥有山林的使用权和经营权，产权不明晰，导致农民保护积极性不高。民众普遍没有生态文明建设的意识，林地无人管理、无人保护，农民随意砍伐而没有惩罚机制，导致了生态破坏严重。

第二节　河田镇生态文明建设的历程和成效

河田镇的水土流失治理经历了漫长的历史阶段，从 20 世纪 40—80 年代主要是一些基础性的探究，是一个艰难探索的阶段，80 年代到 90 年代，通过人工植树种草、大力开展封山育林等措施，河田镇的水土流失治理初步发展。进入 21 世纪，河田镇的水土流失治理取得了显著的成效，但是依然是河田镇政府和人民工作的一个重点。

20 世纪 40 年代初，国民党政府曾在河田建立水土保持试验站，进行水土保持有益的探索。中华人民共和国成立后，党和政府组建了水保机构，动员和带领社会各界做了大量的水土流失治理工作。1983 年，在时任省委书记项南的重视和支持下，省农业厅、林业厅、水电厅、水保委、林学院、林科所、龙岩行政公署和长汀县政府等八大家分别挂钩治理，利用国家补助，以工代赈，实施生物措施为主，农业技术措施和工程措施为辅，以煤代柴等方式，闯出一条以草灌先行、草灌乔结合，以封为主，封造结合的路子。项南书记还结合河田情况和实践经验对河田水土流失治理总结出水土保持“三字经”：“责任制，最重要，严封山，要做到，多种树，密植好,薪炭林,乔灌草,防为主,治抓早,讲法治,不可少,搞工程,讲实效,小水电,建设好,办沼气,电饭煲,省柴灶,推广好,穷变富,水土保,三字经,永记牢。”1998 年,河田朱溪河流域被列入国家水土保持汀江流域重点工程建设项目。实施过程中完成耕地改造 2000 亩,投资 50 多万元兴建朱溪桥头坡,种草 500 亩,城关学区、广电局、河田学区、河田二中、中学等有关部门在河田投资种植果树 1000 余亩。

2000 年 1 月,福建省委、省政府把长汀以河田为中心的水土流失治理列为 2000 年度为民办实事项目,拨款 1000 万元,龙岩市政府配套资金 174 万元。坚持开发与治理相结合,实行标本兼治,实施封禁,推广改燃节柴,加大“猪—沼—果”生态模式建设力度,走出一条治理水土流失与经济发展的新路子。2000 年共青团省委投资 117 万元在河田镇游坊村建立青年世纪林 500 亩,主要种植杨梅等果树,治理面积 1000 多亩。全年共治理水土流失面积 4.19 万亩,其中封育治理 37292 亩,种树种草 3127 亩,种果 1535 亩,果园改造 1258 亩,崩岗治理 43 处,乡村道路、果园道路 31.7 公里,蓄水池 171 口,沼气池 705 个,排洪沟 22.6 公里,煤补 2581 户,建立水保监测站 1 个。

1988—2003 年间,共治理水土流失面积 20 万余亩。河田的生态环境面貌有了明显改观,昔日的“火焰山”已披上了绿装,到处是一派绿浪滚滚、花果飘香的景象,取得了明显的生态、经济和社会效益。

一、崩岗群得到有效治理

河田镇过去的崩岗群特别多,河田镇游坊村门堤下(青年世纪林)之前有崩岗 70 个,其中部分崩岗尚未稳定,汛期易发生地质灾害,给当地老百姓的生活和生产带来极大的危害。由于地表植被覆盖率低,地表温度有时竟高达 78℃,被当地居民称为“火焰山”。“山光、水浊、田瘦、人穷”“柳村无柳,河比田高”是当时以河田为中心的水土流失区生态恶化、生活贫困的真实写照。当时在老百姓中流传的“上畲下畲,没水煎茶”“头顶大日头,脚踩沙孤头,三餐番薯头”等民谣,充分体现了水土流失给长汀人民带来的苦难。作为长汀县水土流失最严重的乡镇,也是水土流失治理的先锋军,1988—2003 年间,河田镇镇政府通过削坡降坡、治坡、稳坡等措施共治理水土流失面积 20 万余亩。如今河田镇已成为全国水土治理典范，在水土治理方面已取得了初步的成功。可以说，现在河田镇已经完成了第一阶段的水土治理，即由“火焰山”变为“花果山”，正在转入第二阶段，由“花果山”变为“生态家园”。

二、省级小城镇示范点建设全面展开

目前河田镇通过治理已经发展成省级水土保持的典范，也是省级小城镇建设的示范点，是农业产业化示范点。1999 年习近平同志提出用 10～15 年完成水土保持工作造福百姓，2012 年河田镇被列为第 43 个省级示范镇，这对河田可以说是一个契机。作为省级小城镇建设综合示范点，镇政府对城镇建设进行了详细的规划，预计将河田镇分为 8 个区，每个区 40 多平方公里，以 4 个河流划分，其中包括了工业长廊、农业区、商业区、行政中心等。在小城镇建设中，依然抓紧生态文明建设，坚决不污染，以可持续发展为目标，主要以生态农业、生态工业和生态旅游业为主。农业以设施农业、现代生态农业为主，不断将传统农作物向经济作物转变，低技术农业向高新技术农业转变；工业以高端纺织为主，其他高新技术工业为辅，坚决杜绝漂染等污染生产行为。为此，河田镇成立了晋江(长汀)工业园区，结合“敢为人先，爱拼会赢”的晋江精神和“滴水穿石，人一我十”的长汀精神，打造山海协作平台。旅游业则以生态旅游为主，河田镇作为长汀最大的乡镇，有着丰富的客家文化底蕴，当地有宗祠一条街等古色古香的景点，镇政府规划将来以农家体验式旅游等生态旅游的形式来发展河田镇的旅游产业，同时通过旅游业带动现代农业和工业的发展。

三、生态富民产业快速发展

水土流失治理不是一项孤立的事业，必须与经济发展和富民、“以人为本”结合起来，使人们享受到水土流失治理带来的利益，这样人们才能理解花费巨大的人力、物力、财力来进行水土流失治理的意义，水土流失治理才能继续，水土流失治理的成果才能巩固。毕竟政府的资金支持是外部的,只能起到一时的作用,如果想实现循环发展、可持续发展,必须从源头上解决问题,使生态文明建设与经济建设互相促进。河田镇的晋江(长汀)工业园区一开始就按照高起点高标准的规划要求,做到三个方面相结合:首先与河田小城镇建设相结合,其次与河田水土流失治理相结合,最后与河田的旅游、文化相结合,着力将园区打造成为科技含量高、功能齐全的生态区,实现工业发展与生态建设并行。

人民群众的智慧和力量是无穷的,河田镇的生态文明建设有赖于群众的艰苦奋斗和敢拼敢闯的精神。自从实行了“谁治理、谁投资、谁受益”和“谁造谁有、谁受益”的原则,鼓舞了大家的干劲,也吸引了外出的农民工返乡造林、参与水土流失治理,走出了一条水土流失治理的群众路线,这样既保护了生态环境又实现了就业增收。在这一承包和治理的过程中,涌现出了许多的典型示范人物和精品示范区,“巾帼英雄”赖金养承包了荒山将其改造成了千亩板栗园,粮食种植大户陈幕龙、付木清建立了现代农业基地,种茶大户黄发富建立了河田黄牛生态茶园,森辉现代农牧养殖基地将水土流失治理、生态林业、生态养殖业相结合形成了一整套的生态循环体系,不仅如此,森辉农牧公司自己出资修建了一条通往基地的公路,为当地居民的生活提供了便利。

四、产业结构向多样化转变

2000 年以前,河田镇主要以种植粮食为主,产业结构单一,自从长汀县确立“生态立县、工业强县、农业稳县”的发展战略以来,河田镇也走上了产业转型和升级的道路,以小流域为单元全面规划,林、果、草、畜、牧合理配置,因地制宜发展以力源、远山、盼盼、森辉等农业企业为龙头的特色种养业和“草牧沼果”循环种养生态农业,杨梅、板栗、油茶、蓝莓、槟榔芋等一批优质高效的现代农业生产示范基地相继建成,其中河田镇的工厂化育秧中心是目前福建省规模最大的,下设十几个农业合作社,农民把土地流转给合作社,实现了集约化和规模化经营。建立河田万亩优质稻高产示范区,示范区涉及 7 个建制村 3152 个农户,面积达 1.24 万亩,其中土地流转面积 5200 亩,占总面积的 41.9%。从 2008 年开始相继成立远丰、强龙、绿丰三个优质稻合作社,种植面积都在 1000 亩以上。

河田镇的晋江(长汀)工业园区,努力探索科技含量高、经济效益好、资源消耗低的产业发展模式,主动承接沿海劳动密集型产业的发展,形成了纺织、稀土、机械电子和农副产品加工、旅游商贸"3+2"产业竞相发展的产业格局。通过产业的发展,转移水土流失区的生态人口,既发展了产业,增加了财政收入和农民收入,又减轻了生态承载压力和水土流失治理压力。

第三节　河田镇生态文明建设的经验

河田镇的生态文明建设经验是与水土流失治理和经济发展的经验息息相关的,政府以改善人民的生活和生态环境为目的,在制定了正确的生态文明建设、经济发展政策的基础上,引进了相关的科技和人才。

一、政府支持与群众参与相结合

中华人民共和国成立后,历届省委、省政府以及长汀县政府都高度重视河田镇的水土流失治理工作。1949 年 12 月成立福建省长汀县河田水土保持试验区。1983 年,时任福建省委书记的项南同志到河田视察水土保持工作时总结出水土保持"三字经",在他的推动下,省委、省政府把长汀列为全省治理水土流失的试点,开始动员组织群众上山治理水土流失,并且得到了国家林业、财政、发改等有关部委从政策、项目、资金等各个方面予以倾斜、扶持,拉开了大规模的水土流失治理的序幕。为了防止民众上山砍柴,制定出台了以电代燃补助的政策,对封禁区群众给予燃煤价差补贴、沼气池建设补助和生活用电补助,鼓励群众用煤、用气、用电。

在工业上,河田镇和晋江合作建立了晋江(长汀)工业园区,实行招商引资、山海协作,实现资源的优势互补。对于这些进驻河田镇的企业,河田镇政府都给予了土地上的优惠政策。在农业上,政府鼓励发展新型的生态农业。对承包造林、种果户给予种苗、肥料和抚育管理资金补助,积极引导农民发展林草、林茶、林药、林果、林竹等产业发展模式,引导农民发展大田经济、林下经济、花卉苗木、观光农业等家庭项目。在林业上,政府推进了集体林权制度改革,使商品林的林权,生态公益林内套种、补种花卉苗木及非木质利用的林权,从事水土流失治理和林业生态建设的林权所有者凭“林权证”直接抵押贷款,并给予贷款申报贴息,有效破解林农“抵押难”“贷款难”的问题,扩宽了林业融资渠道。2014 年 9 月长汀县出台了重点水土流失区生态公益林蓄积量增长激励机制考核意见,将重点水土流失区的策武、三洲、河田等 7 个乡镇的 136 个村总面积为 65.2 万亩生态公益林列入了激励机制的考核,以村为单位,重点生态公益林林分平均亩蓄积量增量占上年度平均亩蓄积的比例,分别奖励 1.5 元/亩、2.0 元/亩和 2.5 元/亩不等。

二、科技助力与引进人才相结合

在治理水土流失方面,河田镇主要通过与高校和科研单位合作,引进科技人才,并不是盲目地种植作物,而是对当地的土质、水质和植物以及经济作物等进行考察,选取对水土流失治理最有效并能带来最大效益的作物。例如,长汀县水土保持站,“博士生工作站”,通过对多种植物水土保持功效进行比较试验,进一步推广水土保持能力较高的植物,马尾松以及板栗、果树、茶叶、芋头、烤烟、水稻等经济作物。在种植方法上,用“反弹琵琶”的理念指导水土流失治理,变生态系统的逆向演替为顺向进展演替,在河边种植景观树种,在河滩湿地种植净化树种,在河道疏浚清淤,在河岸进行护堤绿化美化,通过整治重建“自然型河道”。在技术上主要是创新实施了“等高草灌带”“老头松”施肥改造、陡坡地“小穴播草”等治理新技术。

工业尤其是高端针织业和纺织业都采取了先进的设备,进口机器生产的质量较好的产品可以远销到欧美等发达国家,国产机器生产的产品也可以销售到印度和印尼等发展中国家。河田镇的工厂化育苗中心及现代农机服务中心,是全省第一个工厂化的育苗中心和第一个使用小型飞机喷药的工厂,在水稻的种植与收割上实现了全程机械化,每架飞机每天可以喷药 200～300 亩,极大地提高了效率。在人才上,主要是通过与政府和学校合作,引进一些技术型的人才和知识型的人才,如福建农林大学和福州院士工作站。

三、水土流失治理与民众致富相结合

水土流失治理是一项持久战,不是一朝一夕之功,在治理水土流失的过程中可以发展生态工业、生态农业、生态林业和生态旅游业等生态产业。通过发展生态种养业和农副产品加工业,推进农业产业化与水土流失治理的有机结合,以生态恢复带动群众致富。通过发展纺织、机械电子、旅游等"3+2"主导产业,转移水土流失区群众,减轻生态承载压力和水土流失治理压力。通过林权制度的改革,主要是持续引导森林、林木和林地使用权合理流转,破解林地经营小而散的问题,以集体林权制度改革激发活力,做到还山于民、还利于民、还权于民,实现生态受保护、林农得实惠。在承包林地的过程中首先进行了水土流失治理,然后带来了一定的经济效益。例如,中石油水保生态示范林 2013 年全面完成人工补植套种 5198 亩。示范林自 2012 年 4 月实施以来,累计林分修复、树种结构调整和补植套种面积 11316 亩,造林面积合格率 91%,4 年造林任务 2 年完成,成为全省水土流失治理面积最大的森林生态景观林、林下经济致富林,并创造了在土壤薄瘠山地套植大苗成活的先例,为南方红壤水土流失重点区治理提供了生态林业与民生林业并举的新模式。

四、水土流失的预防与小流域综合治理相结合

水土流失是制约河田镇经济社会发展尤其是生态文明建设的最重要的因素,资本主义工业文明经历的是先污染后治理的模式,河田镇的发展最初也是只看到了眼前利益,而没有看到长远利益,为了发展经济,随意砍伐树木,导致后期恢复生态环境的成本高。随着经济发展方式的转变和产业结构的调整,可持续发展、科学发展观、生态文明建设等理念的普及以及生态效益带来的巨大的经济效益和社会效益,生态文明建设得到了越来越多的关注,先污染后治理的模式很显然不适应中国特色社会主义生态文明建设的发展道路。我国的水土保持法确定了"预防为主,全面规划,综合治理,因地制宜,加强管理,注重效益"的 24 字方针,

把预防保护工作提到了重要的位置。

河田镇在生态文明建设尤其是水土流失治理中很好地运用了这一方针,首先是加强宣传和教育,通过创建绿色学校、绿色社区、绿色乡镇的活动,组织参观水土保持科教园和青年世纪林等增强了民众的生态文明意识、艰苦奋斗的革命精神,了解并遵守和执行生态文明建设的法律法规和相关政策。其次,河田镇的生态文明建设和水土流失治理是分区规划和防治,尤其是水土流失是通过小流域综合治理的方式进行的,河田镇的乌石崇水土流失治理示范区、河田镇朱溪河流域、红中村相见岭水土流失区山场,都是以小流域为单元,流失斑为对象,统一规划山、水、田、林、路,开发与治理相结合,治理中开发,开发中治理,使农、林、牧、副、渔全面和谐发展的生态农业区。小流域的综合治理主要采取了工程措施、生物措施和保土耕地措施。工程措施上,通过治理坡面和沟道崩岗,修建护岸工程;生物措施上,通过封山育林,荒地种草与补植来涵养水土;保土耕地措施上,使用有机肥,种植林下经济作物,改良土壤。

第四节 河田镇生态文明建设存在的问题

经过各方面的努力,河田镇的水土流失确实得到了有效地治理,人民的生活环境得到了很大的改善,但是河田镇的水土流失治理和生态文明建设尤其是生态工业和生态农业的发展还是存在很多需要解决的问题。

一、水土流失治理存在的问题

1. 生态文明意识薄弱

河田镇的生态文明建设虽然目前取得了良好的生态、经济和社会效益的统一,群众生活水平有所提高,但是农村的教育相比较而言还是很低,农民的文化教育程度不高,觉悟比较低,一些农民甚至不了解“生态文明”的内涵及与自身的关系。近年来,在国家的大力倡导下,政府也采取了漫画宣传、宣讲会和表彰生态环境保护典型人物等形式向群众普及环境保护的政策，农民的环境保护法治观念依然薄弱，露湖村那样的新农村建设典型示范村仍然比较少，很多村子存在乱丢生活垃圾的现象。一些农民固守传统的生活方式，排斥使用电、沼气等能源，不理解政府的封山育林措施，认为封山育林措施阻断了薪柴的来源。虽然承包山地种植果木在河田镇取得了良好的示范效应，确实也治理了让水土流失，增加了收入，但是许多果林规模小，果农文化程度低，只注重短期的经济利益，单纯追求农产品产量的提升，大量的使用农药和化肥，造成了土地日益贫瘠和污染，没有生态忧患意识。

2. 经济发展水平滞后

经济发展与生态文明建设是相辅相成的关系，生态文明建设可以为经济的发展提供良好的外部环境，市场经济下，生态文明的建设必须要有资金、技术和人力资源的支撑，河田镇虽然是长汀县的农业大镇和工业大镇，但也是最近几年才脱离国家贫困县，城镇发展还比较落后，财政收入不到 8000 万，居民人均收入不到 8000 元，有 7 个贫困村，5580 多个贫困对象。经济基础薄弱，工业和农业难以提供足够的就业岗位和较高的待遇，造成了劳动力的流失，特别是青壮年劳动力严重的流失(8 万人口中有 2 万人外出务工)，劳动力无法就近找到可以供养家庭的工作，这就造成了工业和农业发展面临招工难的问题。“十年树木，百年树人”，生态文明建设也是一项关乎国计民生的大事，必须从基础教育抓起，从下一代抓起，经济的落后制约了教育和基础设施的建设。比如河田镇虽然有“西气东输”的工程，也进行了能源结构的改造，可是在太阳能等清洁能源的使用上，还是受到了技术的限制，利用率不高，难以推广。在治理水土流失时应该考虑人们的物质利益，使治理的群众能够得到益处，才有更多的动力和精力来做水土保持工作，河田镇的水土流失治理经费虽有上级补助的专项资金，还没有从当地经济的发展中受益。

3. 水土流失治理成果巩固难

河田镇的水土流失治理任务仍然艰巨，河田镇 19.23 万亩及 40%的水土流失面积待治理且地处边远山区，交通不便，多为陡坡、深沟，不利于植物生长，种植、管护任务十分艰巨。已经治理好的区域巩固难度大，目前已治理的水土流失地种植的大部分为针叶林，林分结构单一、水源涵养能力低、易发生病虫害和火灾，森林资源面临较大的安全隐患，需要调整林木的成分和结构,改良土壤。河田镇的经济总体发展程度不高,用于水土流失治理成本有限,而且缺少科技和专业人才的指导,另外,由于劳动力缺乏、工资、肥料、燃煤、液化气等价格成倍增长,导致群众砍枝割草当燃料的现象有所反弹,给封山育林工作带来新的压力。

4. 生态补偿机制和征地用地政策不健全

针对区域性生态保护和环境污染防治领域,生态补偿机制不健全,没有综合运用行政与市场的手段调整好生态环境保护和建设相关各方之间的利益关系,没有发挥"受益者付费和破坏者付费"的环境经济政策的惩罚和保障机制。汀江下游的富裕地区(比如说紫金矿业)没有给予法律规定的生态补偿,而且对于治理水土流失做出重大贡献的人物、典型的种植大户等,也没有相应的物质激励机制,很多生态农业和工业示范点反映缺少人才、资金和技术,而个人没有能力解决这些问题。在土地上,存在较大的用地瓶颈,报批农业用地转向工业、商业用地困难,征地拆迁中,因无法律依据而难以执行。虽然对于这些问题已有失地农民保险,同时有征地款等办法去解决,但是有时候并不能很好的协调政府和被征地农民的关系。

二、生态工业发展存在的问题

1. 劳动力供不应求、质量不高

通过走访河田镇的工业发现一个重要的问题就是招工难,这种招工难分为两种,一种是普通的、没有技术要求的工人,另一种是技术型和管理型的人才。出现这种困境的主要原因在于:首先,随着经济的发展和民众安土重迁观念的改变,许多人选择外出务工,这一群体以青壮年为主,这导致了乡镇劳动力的严重不足,缺少发展的后劲。其次,由于政策的支持,大量的乡镇企业引进,工厂企业不断增加,使得企业形成抢工现象。再次,由于青壮年外出务工,家中只剩下留守家中的老人、妇女和儿童,这些人的生活重心在于家庭,工作只是为贴补家用,他们对工作投入的时间和精力较少,由于年纪较大、文化水平很低,难以提高他们的职业技能,导致企业缺乏技术性劳动力。另外,企业用人和留人机制还不够完善,没有合理的人才机制吸引知识型、管理型人才,很多企业的工作环境与待遇与大城市相比还是有很大的差距,许多毕业后的年轻人由于自身的就业观念不正确,不愿意到乡镇企业工作。

2. 劳动力密集型产业为主,缺乏品牌

我国目前正面临着巨大的人口老龄化问题,新生的劳动力不足,如果继续走劳动密集型道路的话,比较浪费资源而且利润很低,没有长远发展的潜力,很难有所突破和取得竞争优势。河田镇的工业主要是针织业、纺织业以及食品等劳动密集型的轻工业,虽然可以帮助解决农村剩余劳动力的问题,降低企业的人工成本,但是技术含量比较低。这些企业的产品都是以代工为主,自主品牌意识较差,要么依附于大企业,要么就是依托总部为某品牌生产零部件,缺乏自主品牌意识,就难以摆脱处于供应链上游低价值增长的处境。

产品结构方面,走访的几家企业几乎全是单一化的生产结构,工厂从事加工活动过于单一,属于来料加工企业。这是一个利弊参半的情况,一方面,仅局限于从原料到最终成品的某个环节,大多厂不是别的厂的原料加工地,就是购买原料加工半成品出售,暂未形成一条龙完成的产业链,与之相关的利润便会大打折扣;另一方面,虽然单一化的生产可以提升工作的效率,但随着竞争者的逐步增加,单一化的企业必然会面临更大的压力,因此企业转型也是需要进行考虑的问题。

3. 没有完整产业链,恶性竞争

在现代工业的发展中,产业链可以成为一种新的竞争组织模式,工业的产业化经营,要求科研、生产、加工、销售的一体化,使分散在开发区内的各类企业做到产业集成,形成地方特点,区域优势。从区域来说,产业链有利于打破区域壁垒,统筹区域发展和城乡发展;从企业之间来说,产业链可以使原材料、生产、销售一体化,降低交通运输的费用,提高效率,形成集聚效应,是一个互利双赢的过程;从企业自身来说,本部门产业链有利于加强企业内部的各产业部门之间的经济联系,缩短产品的研发周期,降低本企业的生产成本和交易成本。调研发现,河田镇虽然有晋江(长汀)工业园区,引进的企业许多也都有采取先进的机器设备和工艺,但是这些园区内的企业与其他地区的企业之间没有建立产业联系,园区内的各企业之间也没有形成配套产业和产业链,相互之间比较独立,导致了生产成本增加。在资金方面,企业的资本都是以自筹为主,资本都投入企业的设施和厂房设备以及购买原材料和支付交通费,导致企业的资金周转不灵,影响企业扩大规模。

4. 资金不足,技术落后

资金和技术是企业生存和发展的重要因素。对于一个企业来说,如果没有资金的支撑,就算再好的项目、再完善的计划也不可能付诸实施,对于管理者来说,没有充足的资金就会束缚管理者的思维,错失发展时机。晋江(长汀)工业园区的企业,大多面临着资金的问题,他们修建厂房、购买设备的资金都是自己筹备的,政府在资金方面基本上没有给予任何的优惠政策和贷款项目。由于企业本身已经初具规模,在长汀的投资主要是扩大生产,资金问题比较急迫,有的企业没有资金雇佣工人尤其是高质量的工人,而许多企业在扩大生产的过程中,需要增加厂房和设备,都会受到资金的限制。技术也是企业生存的重要支撑,“科学技术是第一生产力”,在竞争日益激烈的市场环境中,技术创新显得尤其重要。因为任何产品都有生命周期,而且随着科学技术的迅猛发展,产品的生命周期越来越短,如果不进行创新,很难适应市场需求的变化。河田镇现在的工业以高端纺织和针织业等为主,虽然有的企业购买一些外国的设备和机器,但是由于缺少技术性的开发人员和研究人员,企业的创新能力比较弱,只是做一些利润比较低的半成品的加工。

5. 企业发展与生态环境的不协调

21 世纪是人类物质文明丰富的时代,也是环境污染与资源浪费严重的时代,企业在这一过程中扮演了一把“双刃剑”的作用。企业以利润最大化为目标本来是无可厚非的,企业在发展的过程中也确实能够创造巨大的物质财富,但是也带来了很多负面效应,如生态环境的污染、资源的浪费、质量问题等,因此企业应该协调好经济效益和生态效益的关系。虽然河田镇目前在引进工业的过程中比较重视生态效益,但是在这个看 GDP 说话的时代,有时候政策执行得并不是那么严格,使一些企业钻了政策的漏洞。有的已经引进的企业为了降低生产成本没有建设配套的污染物处理实施,还有一些旧企业根本就没有能力更新生产设备,更不用说废物的回收利用和环境的保护。在调研的过程中发现,特别是鞋厂和木材厂,噪音大、对空气污染特别严重,长时间在这样的环境下工作,将会严重影响工人的身心健康。这些企业之所以愿意到河田镇这边投资，主要是看中了土地价格便宜和用工成本比较低，对于生态环境的关注比较少，没有树立企业的社会责任感，仍处在一种追求经济利益最大化的阶段。从另一个角度来说，“环境友好型社会”“资源节约型社会”是现在的发展趋势，对于企业来说也是如此，过分追求经济利益，不注重资源的循环利用和环境的保护反过来也会制约企业的进一步发展。

三、生态农业发展存在的问题

1. 生态保护与农业产业化经营的矛盾

生态保护、水土治理看起来与农业产业化经营并无矛盾，而且农业产业化经营可以降低农业成本，使得生态保护有更多的资源和机制保障。具体到每一个农户身上，不同的情况也会出现不同的矛盾，而且其中的矛盾有着普遍性。当农户承包农田达到一定的数量之后，如何省时省力地经营农田成为农户最为关心的问题，这就要求实现大规模的机械化生产，但机械生产的前提是农田地势平坦、交通便利。在福建长汀，地势属于低缓丘陵地带，农田分布多为梯田式，面积小且分散，这为农业的机械化生产带来极大的困扰和巨大的成本投入，在其他地区，这个问题可以通过土地平整轻松解决，但在浅薄红壤覆盖的长汀山区，土地平整最容易带来的是水土流失。

2. 特色农产品品牌价值不足

农产品本身利润空间不大，这也就是为什么大多数城市着力发展工业而非农业的原因。但如果进行农产品的品牌化宣传与推广后，农产品的附加值就会大大增加，提升一个地区整个农业生产水平。在长汀县河田镇，农业产业园区不断涌现，基本上实现了农业的产业化经营，农产品的产出的质量、数量都有了极大的提升，但是实现产业化经营后，最突出的问题是销售渠道，如果没有一定的农产品品牌，那么农产品只能以市场普遍的低价卖出，对于农户利益，是一种损失。在长汀县青年生态·世纪林杨梅园，共有1000多亩世纪林，每年收成4万～5万斤，出产的杨梅大多销售在当地，杨梅的售价并不高，与超市终端销售相比，中间的差价比较大，可以在河田镇举办“杨梅节”，将杨梅品牌打出去，吸引更多游客前来参观，杨梅价格可以再上一个台阶。

3. 农产品附加值不高

为了提高农民的经济收益,中央和地方各级政府都采取了很多益农政策,例如免征农业税、提高粮食的价格、对农民进行补贴等措施,农民也确实有所受益,但是河田镇的农村和农业经济结构仍然制约着河田镇经济的发展。河田镇的农业以传统农业为主,种植的是传统的水稻等农作物,种植规模都比较小,经济作物的种植比较少,初级农产品的价格非常低,即使政府提高了粮价,但是农业生产资料的价格不断上涨,抵消了政府的政策支持。更重要的是,农业生产的技术落后,很多地方还没有摆脱"靠天吃饭"的模式,缺少专业的农业生产技术宣传人员和专门的农技推广队伍,缺乏农业科技创新机制,缺少既可以大幅度增产又能提高农产品品质的新品种和新技术。出现了初级产品多、深加工产品少、精深加工的产品更是少之又少的现象。通过走访河田镇的农业种植示范点和种植大户,他们普遍反映的问题是虽然想对农产品进行深加工,提高农产品的附加值,但是缺少相关的加工厂,如果自己建立配套的加工厂,又没有资金、技术以及人力资源的支撑,如果将农产品送到其他地区的工厂加工,有的农产品存在保鲜期非常短的问题,必须短时间内销售出去,而且交通运输费用又比较高,难以获得较高的收益,只能以初级产品的形式便宜销售。

第五节　河田镇生态文明建设的对策建议

针对河田镇在水土流失治理、生态工业和生态农业的发展中存在的问题,根据该镇的实际情况,提出了关于水土流失治理继续推进、生态工业和生态农业快速发展的建议对策。

一、水土流失治理的对策建议

1. 始终把水土流失治理放在首位

"滴水穿石、人一我十",是长汀精神的真实写照。在长汀,无论农业还是工业发展,首要前提是水土治理,根据资料显示,在河田镇,先后组织实施了马坑河、中坊河、南段河、刘源河等四个小流域综合治理项目，共落实了生态治理任务 7.45 万亩，其中完成林草种植 1.23 万亩、低效林改造 1.71 万亩、抚育 2599 万亩、封山育林和自然修复治理 4.26 万亩。完成造林绿化面积 1.46 万亩，其中“四绿工程”建设 3497 万亩、人工造林更新 1328 万亩、林业修复补植 9725 万亩。通过多方位、多形式开展水土保持宣传教育，全民参与水土保持事业的意识逐渐加强，对取土、挖沙、采石等活动的监管力度不断加大，有效预防和减轻了水土流失，“以电代燃”，减少薪柴砍伐对于水土保持的破坏。在长期的水土治理工作中，取得了很好的效果，河田镇顺利通过了市级绿色乡镇考核验收，国家级生态镇申报通过专家组评审，其中下辖 14 个村庄被评为市级生态村，河田镇省市级生态村共 25 个，覆盖面超过 80%。

2. 大力发展生态循环经济

传统的经济发展以农业和工业为主，而且农业和工业发展都采取的是比较粗放的模式，高投入、高消耗、低产出，对资源的利用是粗放性和一次性的。新型的生态循环经济建立的是一种“资源节约型”和“环境友好型”社会，大力发展服务业和旅游业，要求在工业、农业的发展中少产生甚至是不产生污染物，对资源和废物多次循环利用。河田镇目前的水土流失治理探索出了“猪—沼—果”的农业循环模式，以沼气为中间环节，建立“沼气池、猪舍、果园”一体化，使能源、饲料、肥料循环利用。在工业方面，逐步建立生态工业的园区化、区域化，将生态工业和循环经济作为企业的重要理念与企业文化的重要组成部分，有利于形成带动效应。除了发展生态工业，做大生态农业，河田镇也应该做旺生态旅游业，生态旅游业一直被称作“无烟工业”“朝阳产业”“投资少，见效快”。河田镇虽然有丰富的旅游资源，但是这些资源没有得到充分的开发，宗祠一条街虽然有悠久的文化历史，但是这条古街的各项基础设施并不完善，祠堂也没有修葺，大多都废弃了，地热资源和青年世纪林等绿色体系的景观与其他乡镇的旅游景点结合形成集聚效应。

3. 继续鼓励社会力量参与

推动生态文明建设，治理水土流失，虽然政府起主导地位，但仅仅依靠政府制定的法律法规和科技是不够的，还必须转换思路，搭建社会力量参与的平台，建立社会参与评估和应急机制，引导和鼓励企业、公民等社会力量的参与,社会力量不仅是生态文明建设的参与者,也是监督者。随着经济的不断发展,市场对资源的基础配置作用越来越重要,生态文明的建设也离不开市场机制的调节。在制度和政策上应该给予参与水土流失治理的社会组织或者个人以土地和资金补贴的优惠,长汀县的经济不发达,治理水土流失靠县和镇的财政根本无法解决项目的配套资金问题,长汀县制定了相关政策,规定山林的经营权30年不变,每亩的租赁金控制在28元以下,在项目区种果的每亩还给予种苗和肥料补助,管理房和生活用房免交各种费用,因为治理荒山的成本比较高,如果不实行优惠政策,大家都不会去承包山林。除了村民,还鼓励干部职工投身水土流失的治理,对领办、创办、承包开发50亩以上果园的干部,资金投入不足的,由县产业担保中心担保,向银行贷款。在这些政策的引导和鼓励下,干部和群众参与水土流失治理的积极性大大提高。这一政策虽然鼓励了公众个人的参与,但是企业和团体等社会力量还没有在生态文明建设过程中发挥应有的作用,今后企业应该从生态文明建设中被治理的对象转为生态文明建设的主体。

二、工业发展的对策建议

1.“产—学—研”一体化,培养工业发展人才

国家现在正提倡“学校在企业中,企业在学校中”这种职业教育模式,企业要加强与高校和科研机构的合作,促进“产—学—研”一体化。“产—学—研”即通过产业、学校、科研机构等相互配合,发挥各自优势,形成研究、开发、生产一体化的先进系统。企业作为技术需求方,与以科研所或高校为技术供给方之间的合作,进而打造自己的品牌。

“产—学—研”一体化是提升科技创新能力的必由之路,企业、高校和研究机构都有大量的科技资源,但是三者占据的资源又具有不同的特点,企业是技术的需求者,虽然擅长产品开发和市场开发,但是自身的科研创新能力非常有限,而科研机构主要侧重于应用型的研究,高校主要是提供先进的理论知识,但是不可忽略的是,高校的理论研究经常会脱离市场的需求。如果学校、企业和研究机构通过委托培养、委托研究、共同开发、成果转让等手段建立互惠共赢的合作关系,三者之间可以实现

信息资源共享，促进技术创新所需各种生产要素的有效组合；企业为研发机构提供市场需求信息和资金支持，使科研成果符合市场需求并迅速转化为生产力，研发机构为企业提供研究人才，可以缓解目前人才过于学术型的困境。

2. 发展新型生态工业，打造品牌

改变河田镇的劳动密集型工业，发展新型的生态工业，首先应该对河田镇的工业发展进行定位，在引进企业和资本时，首先应该考虑引进的企业对环境的影响，其次才考虑该工业带来的经济收益。河田有很好的纺织业基础，有利于发展高端纺织和针织业，但是在引进新型技术的过程中杜绝漂染。在引进资金时，要引进实业，而不是房地产这样的高消耗产业。用新产业带动旧生产方式的转型。应该大力发展知识密集型产业，知识密集型产业的技术和设备先进，科技人员所占的比重高，职工的文化水平和科技技能高，而且使用的劳动力和原材料少，对环境污染少，文化密集型企业正符合新型工业的定位。

品牌是企业的“脸面”，是企业的形象，好的品牌商品往往使人对生产该产品的企业产生好感，最终将使消费者对该企业的其他产品产生认同，从而能够提高企业的整体形象，带来良好的效益。因此，品牌战略实际上已演变成为企业为适应市场竞争而精心培养核心品牌产品，再利用核心产品创立企业品牌形象，最终提高企业整体形象的一种战略，是企业用来参与市场竞争的一种手段。河田镇的重大项目引进不断取得新突破，高端纺织、农副产品精深加工等主导产业稳步壮大，全镇现有工业企业 53 家，其中规模以上企业 8 家，“工业强镇”创建活动强势推进，但是具有品牌的企业很少，影响力较小。河田镇在今后的发展中，应该充分发挥各方面的优势，打造纺织和针织、食品等工业的品牌效应。

3. 形成产业链，发挥集聚效应

河田镇的晋江(长汀)工业园通过“山海协作模式”将沿海城市的产业转移到欠发达的山区，引入的是资本和技术，但是由于河田镇甚至是长汀县都处于发展过程之中，各方面的硬件和软件设施都不够健全，工业园区内部没有形成一套完整的产业链条，造成了不必要的生产成本。工业的发展要想形成产业链，发挥集聚效应，应该进行科学的规划、整合各种要素资源、优化产业结构、完善配套功能。河田镇在工业规划的过程中，首先应该制定具有前瞻性、全局性和可操作性的目标计划，对于长远的目标计划应该分步实施、扎实推进。其次，借助政府的宏观调控和市场机制的作用，对资源和各种要素进行重新组合，实现工业园区资源的优化配置，优化产业结构，使优质项目和高端产业在工业园区聚集。在工业园区内，工业园区的管委会应该具有必要的经济社会管理权，建设公共服务平台，增强配套的服务功能，推进工业园区向多功能综合性的现代园区发展。

4. 提供资金和技术支持

河田镇的工业大多属于中小型企业，中小型企业发展的最大限制就是资金和技术，中小型企业要想在市场竞争中脱颖而出，实现持续发展，必须要获得资金，并进行技术创新。企业的资金来源一方面是政府的税收和贷款等政策支持，在产业集群区，由地方财政资金支持，引导民间资本，组建金融公司，因为虽然单个企业的财力都不大，但民间资本很大，把产业集群组织起来，再建立集群的金融公司是完全可能的。这样，依托金融公司，放大吸引银行资金，就能使行业发展的资金瓶颈问题得到解决。另一方面，企业要通过成本控制来解决资金短缺的问题，既要开源又要节流。虽然资金对于企业的发展至关重要，对于企业的可持续发展来说，最重要的是技术创新，技术创新既可以由企业单独完成，也可以由高校、科研院所和企业协同完成，但是，产品在市场上获得成功才标志着技术创新过程的完成，因此技术创新的过程，企业是不可缺少的主体之一。创新的方式，要依据创新的外部环境、企业自身的实力和规模。大企业一般工作环境好、待遇高，能够吸引大量的高素质人才，也有能力建立自己的技术开发中心，提高技术开发的能力和层次，营造技术开发成果有效利用的机制，但是许多大企业从以往注重依靠自身力量独立进行创新转变为日益注重与其他企业开展合作，走共同创新之路；中小企业主要是深化企业内部改革，引进先进的技术消化吸收后再创新，即引进、模仿、创新、传播、再引进、再模仿、再创新。在创新过程中，政府就是要努力营造尊重创新、鼓励创新的社会氛围，对于在技术上有所创新的企业给予物质奖励。

5. 生态工业、生态农业、生态旅游业相互合作

生态林业和生态旅游业是密不可分的，正确处理农民增收与生态保护的关系，围绕农民不砍树也致富，保生态也得益，发展产业，兴林富民。首先，大力发展林下经济，采取“牧—沼—果”的立体生态模式，尝试油茶和作物兼种模式，这是今后林业发展的一个重要趋势。重点实施林菌、林药等林下经济发展项目，充分利用土地资源创收。其次，大力发展花卉产业、种苗产业。扶持发展花卉苗木产业，打造“河三线”花卉苗木产业示范点，推进花卉苗木产业优化升级。加强水土保持优良种苗繁育基地建设，加快林木良种化进程，引导和扶持河田苗圃、造林大户建立名贵树种种植和绿化大苗培育示范基地，带动群众种植珍贵树种、培育绿化大苗。再次，积极发展生物制药。除了种植果树等经济作物，可以因地制宜种植药物，鼓励生物制药企业以“原料基地＋企业”模式发展生物制药产业。最后，大力发展森林旅游。以青年世纪林、露湖千亩板栗园、露湖鲜切花基地、水土保持科教园等为依托，突出特色，大力发展“森林人家”“农家乐”，扩大森林旅游产业规模。除了生态旅游，河田镇还有宗祠一条街等文化名街以及革命烈士故居和温泉等景点可以开发。

目前河田镇的镇域空间结构为“一心、两轴、三片”，整体空间格局形成以镇区为核心的十字展开轴向布局。“一心”：河田中心镇区，集行政办公、商业商贸、文化教育、旅游配套为一体的综合服务核心区；“两轴”：沿赣龙铁路、319国道、龙长高速西北向的城市发展主轴和三洲—新桥方向的发展次轴；“三片”：北部生态环境保护区、西部农业发展区和南部农业发展区。河田镇应该充分利用这种空间镇域结构的优势，即交通便利、资源集中和特色功能区划分合理来发展工业、农业和旅游业。

三、生态农业发展的对策建议

1. 农业产业结构进一步优化，打造绿色健康生态家园

河田镇农业产业园的建立与外来资本的引入有着非常密切的关系，而外来资本的投资方向往往是见效快、利润高、前景好的农业产业，而对于水稻等传统口粮式农作物投资较少，这方面的农业产业化经营尚未形成。农业的发展不仅需要高附加值作物的大量出产，也需要非经济作物的培育与支撑，在粮食自足的前提下发展高附加值农作物，风险降低、利润来源多元化。

农业发展离不开的工业的技术支持和基础设施建设,而工业的发展要以农业为原料和基础,尤其是在长汀这种生态脆弱的地带,发展以农副产品加工为主的轻工业,必须要以农业的发展为前提。在长汀县河田镇,农业作为生态保护的重头产业,一直在政府的大力支持下稳步前进发展,实现了规模化、产业化发展,涌现出了百亩鲜切花基地、千亩板栗园基地、千亩杨梅园基地等农业基地,产出农产品品质高、数量大,在农产品获得巨大丰收的同时,相关加工业就必须进行配备发展,增加附加值。

年轻人外流的一个重要原因就是在大城市可以拥有舒适的生活环境、丰富的娱乐生活,还有完善的设施环境。而小城镇,生活环境差、教育等基础设施建设落后,就很难吸引人才。因此,河田政府应该着力于逐步完善小城镇的基础设施建设,通过打造与现代化的大都市不同的绿色健康生态的家园,避免大城市的交通拥堵、环境污染严重等问题,吸引人才返乡参与家乡建设。最终实现"百姓富生态美"和"荒山—绿洲—生态家园"的目标。

2. 塑造特色农产品品牌,增强市场竞争力

农产品品牌化有助于增强市场竞争力,扩大农产品销售。从我国农产品市场的发展趋势看,市场已经开始逐渐青睐品牌农产品,农产品市场将进入真正的"品牌时代"。实施农产品品牌战略,不仅可以通过农产品的整体品牌形象充分展示农产品的特色,提高农产品的市场影响力和竞争力,扩大农产品的销量,走"以质量求生存,靠品牌抢市场"的发展之路,而且农业企业采取品牌策略,以品牌形象面向市场,用品牌将企业和产品的综合信息"一揽子"传递给消费者,还可以起到降低企业宣传和产品推介成本的作用,达到事半功倍的效果。面对相对饱和、激烈竞争的国际国内农产品市场,要使农产品在市场竞争中有一个更大的提升空间,农产品品牌化将是一条可行之路。依托优势资源,发展特色农业;注入地方文化,丰富品牌内涵。农业对自然条件的依赖性较强,由于不同地域的自然条件、优势资源和种植习惯的差异,形成了农产品的区域特色和比较优势,进而可以在市场上转化为市场优势。

3. 推广高优特色农业模式,提升农产品附加值

实践队在采访中发现传统的农业机械在福建丘陵地带施展存在一

定的难度。福建的多山不平的地势以及梯田式种植模式为农业机械的施展带来很大的困扰，极其脆弱的生态环境不允许进行大规模的土地平整，唯一可行的方法就是农业机械的"在地化"改造。

未来应该打造"基地＋合作社＋农户"调控模式，或"行业协会调控"，依托院士工作站这个平台，启动生态高值农业复合模式示范项目。在实施坡耕地改造工程中，通过鼓励示范点的种植大户大力引进新品种经济作物，如红豆杉、蓝莓，种草养牛、养鸡（鸭）、养鱼等农地经济作物循环种养生态农业，增加农民收入。建立"公司＋农户＋基地"的生产模式，公司统一收购，增强市场的稳定性，推广农产品的体验式销售，将农业和旅游业结合。因此，要以生态循环农业发展为主，不能单纯地着眼于当年的产量、当年的经济效益，而是追求经济效益、社会效益、生态效益的高度统一，使整个农业生产步入可持续发展的良性循环轨道。把"青山、绿水、蓝天、生产出来的都是绿色食品"变为现实。

结语

河田镇的生态文明建设以水土流失治理作为起点和重点,不断推进生态文明建设的工作,不仅是成就“生态美”,更是完成“百姓富”的任务。河田镇的水土流失治理成效和经济社会翻天覆地的变化离不开政府政策的支持,离不开长汀人民群众的主体参与,离不开“滴水穿石,人一我十”长汀精神的文化动力。

通过对河田镇的调研,我们发现河田镇的水土流失是制约其发展的最重要因素。河田镇在生态文明建设过程中注意结合本镇的实际,因地制宜,打造特色。河田镇将水土流失治理与经济建设结合了起来,通过发展生态产业(包括工业、农业和旅游业)和省级小城镇示范点的建设,既改善了人民的生活水平,又治理了水土流失。河田镇的水土流失治理、生态文明建设和经济建设在党和政府政策的大力扶持下、在群众和社会各界力量的积极参与下,取得了巨大的成效。生态文明建设的过程中,因地制宜,结合当地生态环境治理的特点,整合各方力量,想必是保障生态文明建设工作有效落实的规律。

河田镇的生态文明建设经过这么多年几代人艰苦卓绝的努力,确实成果喜人,但是依然存在很多现实的困难。通过调研,我们发现河田镇在生态文明建设的当下,群众的生态理念依然比较落后,政府和群众、政府和企业、部门和部门等还存在或大或小的沟通不畅的问题,生态产业刚刚起步,产业结构不仅单一,而且还没有形成品牌,产品发展的后劲是否强劲有待考验等。

第二章　中国特色社会主义生态文明建设长汀模式在三洲镇

第一节　三洲镇生态环境概况

三洲镇以前隶属于河田镇，1987 年从河田镇分出来并设立三洲乡，2011 年由三洲乡提升为三洲镇，现在三洲镇政府设在三洲村。三洲镇有着丰厚的历史文化底蕴。古代的三洲，为长汀南连粤海的重要驿站，也是汀江沿岸的人货接替重镇之一，八方物流，各业商贾，千年云集其间，加上其本身地势宏阔，民风容和，自得天时地利，依托商贸物产，日益成为富庶昌盛之地。汀江河滩上升、本地人口剧增，以及人口剧增导致的生态破坏和水土流失，后来又由于战乱频繁导致这个富庶的乡镇走向衰败。在历史转折中的今天，三洲镇的人民已经扛起让这个乡镇重新充满生机、走向富庶的使命。

一、三洲镇自然地理环境概况

三洲镇全镇土地总面积 64.55 平方公里，耕地面积 12023 亩，山地面积 66900 亩，河滩坝地 1000 余亩。辖 8 个村民委员会，分别为小潭、兰坊、三洲、丘坊、戴坊、曾坊、桐坝、小溪头村，96 个村民小组，2417 户，总人口 15510 人，人口均为汉族。三洲镇地处长汀县东南部，距离县城 34 公里，东北与河田镇毗邻，东南与涂坊乡相接壤，西北与河田镇交界，西南与濯田镇相邻。地理位置为东 116°18′51″～116°25′39″，北纬 25°33′11″～25°37′40″。三洲镇的地形地貌属于武夷山脉南段中山山地及其低山丘陵山地地貌。境内群山绵延,丘陵起伏,河流交错,山体走向呈北向南倾斜。气候属于典型的亚热带季风气候,境内四面环山,区域内海拔较低(240~560米),为盆地地形。山地多为低矮的缓面地貌,为酸性岩红壤,耕地以沙壤土为主。三洲镇地矿资源较为丰富,已探明的有稀土、锡矿等矿产,尤其是稀土储量、品位居全省之首。地势较为平坦,光照充足,年平均气温18.8~19.2℃,年平均降雨量1500~1700毫米,无霜期282天。原生植被以马尾松为主,周边山头水土流失治理区多为杨梅林。地带性土壤以红壤为主。三洲镇位于汀江上游,汀江由北至南贯穿整个镇。有两条河流,汀江河由北至南贯穿小潭、兰坊、三洲、丘坊、戴坊、曾坊六个村,南山河由东往南与汀江河在曾坊村交会,桐坝、小溪头村分布在南山河两岸。

二、三洲镇社会经济发展概况

三洲镇基础设施日臻完善。全镇交通便利,河濯公路横贯三洲全境,上接龙岩、厦门,下可达武平、广东,三洲镇距离319国道、龙长高速、赣龙铁路都在10公里内,距离高速公路河田出口7公里。近两年总投资320多万元续建和新建了丘坊、小潭、兰坊三座横跨汀江的大桥,并对各村简易公路进行全面改造、维修,已实现全乡村村通公路、通有线电视、通电话。电力充足,长汀11万伏输变电线经过本乡马坑电站,经技改,装机容量达320千瓦,年发电量80万度。

三洲镇整体经济发展水平居全县中等。三洲镇的经济产业主要以农业为主,但农业已经从过去单一的种植水稻到现在的多元化的农业模式。这种多元化的农业的收入包括种植茶叶、杨梅、观赏树、板栗等。2011年农业总产值5000万元,财政收入203万元,农民人均纯收入4126元。三洲镇具有较好的旅游业发展基础。三洲镇已经启动发展旅游业的项目。利用本地的自然风景优势、本地特色农业和历史文化底蕴开发旅游文化产业。在未来的几年内,三洲镇的经济发展在产业升级和人均收入方面都会有一个质的飞跃,旅游业会成为本地的主导产业。

三洲镇有着独特的文化资源。长汀县志上说,未有汀州,先有三洲。在宋朝以前三洲便成为繁忙的商埠码头,明代设立了古驿站,形成了早期的汀杭大道——集镇(老街)。到了明清时期,三洲更成为汀州府三大驿站之一,俨然是汀州水陆交通的枢纽和货物集散中心。清代乾隆皇帝下江南曾停舟驻马,留下御书赞三洲为"古进贤乡"。

1929年红色革命时期,毛泽东、朱德在这里设立了"永红乡",被喻为"中国红色第一乡"!长汀是中国革命的圣地,被誉为"红军故乡"。这里创造了中国革命史上的诸多第一:第一次整编、第一次统一军装、第一次阅兵、第一个红军医院、第一个省级苏维埃政权福建省苏维埃政府所在地……长汀县城成为当时中央苏区的经济中心、军需后勤保障中心,成为中国共产党领导下的第一个市级政权——汀州市委、市政府的所在地,被誉为"红色小上海"。近千名三洲子弟参加工农红军,为中华人民共和国的诞生做出了不可磨灭的贡献。波澜壮阔的革命历史赐予了长汀许多彪炳史册的第一笔,如火如荼的革命斗争在长汀留下了众多的革命遗址遗迹。今天,当年的红军标语、毛泽东与贺子珍的旧居、苏维埃旧址也存在于三洲的古建筑群中,闪耀红色光芒。长汀现有革命文物级别之高、数量之多、保存之好,居福建全省之冠。《2004—2010年全国红色旅游发展规划纲要》将长汀列入全国重点打造的12大红色旅游区之一、30条红色旅游精品线路之一和全国重点打造的100个红色旅游经典景区之一。除了革命文物,2009年全国文物大普查,专家意外地在这发现了宝藏:小小的村庄,竟藏有大规模的古建筑群,而其中能列入文保单位的就有11处。在2010年三洲镇便被列入第五批"中国历史文化名村"。2019年,三洲镇入选全国农业产业强镇建设名单。

三、三洲镇水土流失问题概况

1. 三洲镇水土流失基本状况

三洲镇是长汀县水土流失最严重的乡镇之一,水土流失占山地总面积的53%,大部分山地沟壑纵横,基层裸露,崩山溃河,满目疮痍。20世纪70年代末,三洲与河田并称为"火焰山"。由于三洲镇缺煤少电,人口成倍增长,生产和生活用材大量增加,森林过量砍伐,林木消长比例失调,致使山地植被遭到很大破坏,水土流失不断加剧。水土流失历史长,程度严重,生态环境恶劣,山地极度贫瘠,极度缺水,播草难生,种树难长。

据1985年的卫星遥感普查表明,长汀县水土流失面积达146.2万亩,占该县国土面积的31.5%,土壤侵蚀模数达每年每平方公里5000～12000吨,植被覆盖度仅5%～40%。长汀成为中国四大水土流失严重地之一,而三洲镇又是其中水土流失最严重的乡镇。1987年以前三洲镇隶属于河田镇,河田镇以前也被称为柳村。因水土大量流失,大面积的崩沟塌河,河与田连成一片,山崩河溃,满目疮痍,形成“柳村不见柳,河比田更高”的景象,后人遂称之为河田。不过从“柳村”成“河田”的地名变化或可追本溯源,当地村民认为三洲镇的水土流失历史最少在200年以上。

对于三洲镇生态环境严重性,相关的历史文献也有记载。正如前文所说,三洲在1987年以前还是隶属于河田镇的。这段文字所描述的内容不仅适用于河田镇现在的辖境,也同样适用于三洲镇。1941年福建省研究院“河田土壤保肥试验区”研究人员对长汀河田水土流失景象的描述如下:“四周山岭尽是一片红色,闪耀着可怕的血光。树木,很少看到!偶然也杂生着几株马尾松或木荷,正像红滑的癞秃头上长着几根黑发,萎绝而凌乱。”“密布的切沟,穿透每一个角落,把整个的山面支离破碎;有些地方,竟至半崇山峻岭崩缺,只剩得十余丈的危崖,有如曾经鬼斧神工的砍削,峭然耸峙。”“再登高远望,这些绵亘的红山,仿佛又化作无数的猪脑髓,陈列在满案鲜血的肉砧上面。在那儿,不闻虫声,不见鼠迹,不投栖息的飞鸟;只有凄怆的静寂,永伴着被毁灭了的山灵。”

2. 三洲镇水土流失造成的危害

三洲镇以及周围的一些乡镇被称为“火焰山”。“火焰山”不是《西游记》中描述的那样有真正火的火焰山,这里用“火”来描述山,具有两层含义:一是言其红,二是言其热。由于滥砍滥伐,三洲镇以及相邻的其他乡镇山头上都是光秃秃的,由于山上极度缺水,又加上地表温度很高,这些都不利于山上植被的恢复,又加上本地土壤是酸性红土壤,所以一眼望去都是光秃秃的红色山头。当太阳出来的时候,又会酷热难耐,山上地表温度能够达到70℃,用当地村民的话来讲,“生鸡蛋放在山上一会儿就可以变成熟鸡蛋”。这就是当地“火焰山”的来历。

恶劣的生态环境严重地影响了当地百姓的生活水平，甚至威胁了到当地百姓的生存。镇政府工作楼楼下通道的宣传栏里生动地描绘了生态环境的恶劣给百姓带来生存上的困苦。其内容如下：

因三洲镇属于红壤区，四周山岭尽为赤红色，像一簇簇燃烧着的火焰，故而又得名“火焰山”。严重的水土流失，导致生态环境极为恶劣。一旦连续暴雨，便见洪水滔滔；雨停水歇后，又露沙见底。“晴三天，闹旱灾；雨三天，闹洪灾”。山河创伤，人民受苦。“长汀哪里苦？河田加策武；长汀哪里穷？朱溪罗地丛。”“头顶大日头，满山癞痢头，脚踩沙孤头，三餐番薯头。”这是20世纪上半叶在长汀广为流传的一首民谣，生动形象地反映出了水土流失区当地人民的无边疾苦。

三洲镇水旱灾害频繁，水不能蓄，旱不能抗，每逢雨季，山洪暴发，水冲沙压，大片良田沙化，土壤异常贫瘠。木料、燃料非常缺乏，而缺柴对群众生活影响最大，乱砍滥伐又加剧了水土流失。当地的村民告诉我们，由于以前水土流失严重，遇到梅雨季节，山上的泥沙和石头都会从山上冲到村子里面来。更令人焦虑的是，这些泥沙还会流入种植水稻的田地里，导致水稻大量减产，对于这种情况，农民也是束手无策。梅雨季节，村里的道路根本没法走路，到处都是泥巴。最典型的是，当地学校的操场在大雨过后会盖上厚厚的一层黄泥。

3. 造成水土流失的人为因素

三洲镇的水土流失主要是人为因素造成的。对于三洲镇的村民来讲，他们的生活方式以农业为主，他们向大自然获取燃料、饲料、肥料、木料。当地村民的能源机构是非常单一的，他们只能通过山上的柴火烧饭取暖。后来，三洲镇的人口剧增，三洲镇人口数量自从1949年以来翻了1.5倍左右。人口的剧增给生态平衡带来了压力。村民们的教育水平普遍不高，他们的环保意识和水土保持意识也很低。传统生活方式和传统的思维方式使他们不知道尊重自然，不知道保护生态。

集体林权制度下的山林是集体所有，集体经营，集体共同拥有山林的使用权和经营权，产权制度不明晰，民众容易上山乱砍滥伐，但没有植树造林的积极性，也不会把水土流失治理当成自己分内之事。即使水土流失已经非常严重了，村民们也都是处于一种观望的状态，每个人都期待其他人会带头做一些有利于缓解水土流失的事情，事实却是没有谁带头去治理。在这种集体林权制度下,村民都只想从山林中获取,而不会投入精力和资金去维护山林。

第二节　三洲镇生态文明建设的历程和成效

水土流失使得三洲百姓的生存面临巨大的考验。为了给三洲的祖先一个交代,为了给三洲的子孙后代一个交代,三洲镇决心带领村民进行一场“治理水土流失”的艰苦卓绝的战役。

一、三洲镇政府领导村民治理水土流失

1. 建立生态监察队伍,实行封山育林政策

三洲镇的生态破坏主要是人为造成的。俗话说:“靠上吃山,靠水吃水。”对于三洲镇的农民来讲,他们一直沿袭着他们祖祖辈辈的传统生活方式,靠柴火取暖做饭。村民为了生活获取柴火,不得不上山砍柴挖草。柴火是造成生态破坏以及生态一直不能得到恢复的主要原因。因此,三洲镇政府最紧迫的任务就是解决他们的燃料问题,以及改变村民传统的生活方式,让村民用其他燃料取代柴火。为了解决燃料问题,三洲镇政府执行了上级政府和部门制定的燃料补贴政策。鼓励村民烧煤、用电、建立沼气池等方式来取代传统的柴火,对烧煤的每个煤球补贴 0.04 元,用电每度补贴 0.2 元,建沼气池每个补贴 680 元。

长汀县政府意识到补贴政策的局限性,补贴政策在短期内也不能杜绝村民上山获取柴火。在实行燃料补贴政策的同时,政府实行了封山育林政策,在政策措施上,实行最严厉的环境保护制度。最严厉的制度包括严格的法律制度、环境标准、训练有素的执法队伍、行之有效的执法手段等。制度的核心要求是杜绝一切环境违法行为,让任何对环境造成危害的个人和单位补偿损失。

长汀县委、县政府要求对符合封育条件的水土流失地全部采用封育治理,为此发布了《关于封山育林禁烧柴草的命令》,随后又制定了《关于护林失职追究制度》《关于禁止砍伐天然林的通知》《关于禁止利用阔叶

林进行香菇生产的通告》等。三洲镇政府根据《关于封山育林禁烧柴草的命令》并且结合三洲当地实际情况制定了《乡规民约》和《村规民约》。《乡规民约》和《村规民约》明确规定了封山育林育草的目标、任务、范围、措施、责任、队伍、考评等及对违约行为的处罚措施。封山育林区域包括水土流失区、生态公益林,城区及重点集镇周边一重山,汀江及其一级支流一重山,高速公路、铁路、国省道等交通主干线一重山,城区及各乡镇饮用水源保护区,水库周围,自然保护区(小区)。封山育林的措施有封育区内严格实行"十个禁止",即禁止打枝割草砍柴,禁止放牧,禁止毁林开垦,禁止取土、建坟,禁止采挖林木,禁止采脂,禁止采矿炸石,禁止野外用火,禁止乱捕滥猎,禁止破坏封山育林宣传标志牌。三洲镇有专业护林队,村村设专职护林人员。对于护林任务,也制定了明确的规章制度《关于护林失职追究制度》。三洲镇对护林任务实行领导负责制。三洲镇以往的历届党委书记都直接对护林队领导、对护林任务承担责任。护林人员平时在万亩山林中不辞辛苦地巡逻。三洲镇的护林工作非常有效果,为了从源头上引导农民减少对植被的破坏,护林人员会进村入户查灶台。并且慢慢地改变了村民传统的用柴火当燃料的生活方式。三洲镇建立的基层生态监察队伍,提高了生态环境保护执法能力,加大对破坏封山育林制度的查处力度。杜绝了村民们乱砍滥伐,破坏植被的现象,让一些山头重新获得了休养生息的机会,三洲镇山头又重新披上了绿装。

在采访的过程中,三洲镇镇党委书记蔡铭泉同志告诉我们,在80年代,三洲镇的三洲村有个村干部的媳妇到封山育林区域内砍柴火,后来被护林人员抓住了。尽管她丈夫是村干部,按照当地的风俗,还是把她家养的猪分给全村的人吃了。这一举动让当地村民认识到封山育林的重要性以及破坏封山育林制度的严重性。所以,三洲镇就有着一个不成文的规矩,谁破坏封山育林制度,就把谁家的猪杀掉,并把杀掉的猪分给全村的人吃。

2. 广泛开展生态保护宣传教育

在治理水土流失的过程中,三洲镇政府遇到的另一个难题就是村民对政府实施的封山育林政策不理解。三洲镇政府通过开展广泛的生态保护宣传教育来增加村民对生态保护政策和封山育林政策的理解性。

村民的不理解主要是由于村民的生态保护意识不强,生态保护价值观的缺失。解决村民生态保护意识不强的问题,重点就是开展生态保护宣传教育。通过宣传教育,村民树立强烈的生态保护意识,调动村民参与生态保护的积极性。

三洲镇政府结合当地村民实际情况,采取灵活多样、通俗易懂,群众喜闻乐见的形式开展生态保护宣传教育,充分利用广播、标语、墙报、图片等宣传载体和进村入户等形式广泛宣传和普及生态保护知识,大力宣传了生态恶化对人类的危害和加强生态保护的重要性,增强广大干部群众守土有责的水保意识。三洲镇政府结合水土流失严重的实例,加强对民众的警示教育,把具有警示教育性的水土流失宣传片在三洲镇各个乡村放映,将查处的典型环境违法案件公之于众,以案说法,教育广大群众,唤起生态环境忧患意识,使村民进一步加深对遵守生态法律法规重要性的认识,增强了村民的生态保护意识,提高了村民遵守生态法律法规的自觉性。

三洲镇党组织的每一个党员发挥了党员的先进性的作用,做到以身作则,起到模范表率作用,以此带动生态环境意识教育的顺利进行。三洲镇党员干部以及相关的亲属如果违背了生态保护的相关制度、规定,一律从严处理,绝不姑息。例如,三洲镇党员干部要带头上山种树,要求自己的亲属也要拥护封山育林制度。为了让村民理解政府的用意,三洲镇干部经常和村民拉家常。通过拉家常的方式,耐心地向村民解释治理水土流失的重要性和村民讲一些他们都能接收的道理,以及细心地向村民解释政府政策的用意。由此,减轻了村民对政府政策的敌意,减少村民和政府的摩擦,以及赢得广大村民的支持。正如,三洲镇党委书记蔡铭泉同志告诉我们的那样:“老百姓不会成为政府政策实施的阻力,只要你把那些道理给他们讲明白清楚了就好了。”

环保意识从娃娃抓起,三洲镇所有的学校一律都会给学生灌输环保意识。长汀县教育局和水保局专门编订了有关水土保持的教材,根据学生的教育程度不同编订不同版本的教材,有小学版、初中版、高中版。三洲中心学校的副校长告诉调研人员,学校每周都会抽出一节课传授水土保护知识,为了理论结合实际,学校组织学生定期地开展生态保护教育的实践活动。

3. 实行山林产权制度改革

在集体产权制度下，山林是所有村民共有的，村民只有向山林获取的积极性，却没有维护山林、治理水土流失的积极性，所以只会造成更严重的水土流失。在集体产权制度下，需要大量的护林人员监督，防止村民进入山林砍伐。所以，增加了政府的管理难度，同时会由于管理人员的增加而造成管理成本的上升。无论是村民还是政府都急需一个更有效率的山林产权制度。为了提高农民主动参与的积极性和参与能力，长汀县在上级政府部门的领导下，实行了山林产权制度改革。三洲镇政府也结合本地的情况认真地贯彻了山林产权制度改革政策。三洲镇政府大胆尝试引进市场经济体制，采取拍卖、租赁、以户承包、联产承包等方式，建立山林权流转制度，实行谁种谁有、谁治理谁受益的政策。山林经营权一定50周年不变，每亩租金控制在28元以下。并且进行资金支持，种苗肥料补助，税费减免，基础设施由政府实施并免费提交业主使用。

山上林木归责任山主所有，承包期内允许继承；面积、四至不清楚的，在进一步明晰的基础上，完善承包合同；被集体以行政手段收归统一经营的，群众要求以责任山形式承包经营的，应当恢复原状。落实“谁造谁有”。自留山和责任山抛荒后，由集体收回统一组织造林的，要落实“谁造谁有”政策，在稳定自留山和责任山使用权不变的前提下，所造林木可由集体与农户协商确定分成比例，集体分成比例应不低于70%。林木采伐后，林地的使用权归还农户。对集体统一经营的山林，可按人口折算人均山林面积，以户为单位划片承包经营，或自由组合联户承包经营。“分股不分山，分利不分林”。对集体统一经营且群众比较满意的山林，经村民会议或村民代表会议讨论通过，可以继续实行集体统一经营。但要将现有林地、林木折股分配给集体内部成员均等持有，明确经营主体，财务单独核算，收益70%以上按股分配。实行有偿转让经营。可将现有山林评估作价，通过公开招标租赁、拍卖等方式转让给集体经济组织内部成员，或内部自由组合，联产承包，或其他社会经营主体承包。转让费按年计收，70%以上由集体内部成员平均分配，剩余部分用于林业发展和公益事业。稳妥处理已经流转的集体山林。对已经流转的集体山林,凡程序合法、合同规范的,要予以维护;对群众意见较大的,要本着尊重历史、依法办事的原则,妥善处理。集体山林流转收益70%以上应平均分配给本集体经济组织内部成员。无论采取何种形式,都要召开村民会议或村民代表会议,经村民会议三分之二以上成员或村民代表会议三分之二以上代表同意,并依法完善或补签林地承包(流转)合同,换发林权证书。

三洲镇的林业产权制度改革总的原则是实行“四个坚持”:

(1)坚持权益平等。集体山林属集体经济组织内部成员共同所有,应通过均股、均山、均利等形式,使每个村民平等享有集体山林的权益。

(2)坚持尊重历史,保持林业政策的连续性。本次改革是对林业“三定”的进一步规范和完善,不得借改革之名打乱重来,重新分配。对改革中出现的问题,应当按照有关法律、法规或通过协商方式予以解决,确保林区社会稳定。

(3)坚持公开、公平、公正,尊重群众意愿。在改革中要做到内容、程序、方法、结果公开,公平竞争,公正操作,充分尊重大多数群众的意愿,确保广大群众的知情权、参与权、决策权和监督权。

(4)坚持因地制宜,形式多样。各地可根据本地实际情况,因地制宜,自主选择改革的形式和方法,不搞一刀切。

集体林权制度改革,进一步明确了山林经营主体,实现了“山定权,树定根,人定心”,极大地调动了林农造林护林的积极性,随着林业发展步伐的加快,社会办林业的氛围已经逐步形成,吸引了大量的社会闲散资金投入林业,承包造林、基地造林、合作股份造林蔚然成风。促进了资源增量、林业增效、农民增收,实现了生态效益、经济效益和社会效益的统一。新机制吸引着各种开发主体参与进来,农民、专业大户、机关干部、外地开发公司等纷纷参与承包租赁,涌现了种果大户黄金养、杨梅大户俞水火生等先进典型。

4. 用科学思想指导水土治理

三洲镇对当地的生态恢复实行了“大封禁、小治理”的科学方法。大封禁,就是指该县对水土流失面积的绝大部分,实行封山禁柴禁伐,封育保护治理,依靠大自然生态自我修复能力,恢复植被;小治理,就是对侵蚀特别严重的小部分水土流失剧烈区域辅以人工治理,通过撒种、补植、修建水平沟,为生态自我修复创造条件,加快植被恢复的速度。当地村民在台埂和道路边坡按一定距离种植百喜草、胡枝子、杨梅、宽叶雀稗等;为层层拦截地表径流,增加土壤水分含量,采用品字形挖水平沟,施肥改造马尾松等老头松。“草牧沼果”循环种养是以草为基础,沼气为纽带,果、牧为主体,形成植物生产、动物生产与土壤三者链接的良性物质循环和优化的能量利用系统,从而实现治理水土流失,推动经济效益与生态效益结合、治理与资源的可持续利用。“猪沼果”模式的范例,猪粪在沼气池发酵后,沼液通过滴灌技术用于浇灌果树,沼气代替材柴火用于做饭照明。草牧沼果、猪沼果等生态农业模式的建立,使经济效益、生态效益和社会效益有机结合起来。在果园内修建防洪沟、蓄水塘坝等工程,实现蓄水保土,防止沙土冲入河流农田。在果园内的果树下套种花生、小米椒、地瓜、印尼绿豆等经济作物,大大增加了经济效益。

和高校、研究院合作以及引进农业技术专家,提高了本地村民的水土保护意识、农业科学技术思想。与此同时,政府制定水土流失的政策更具有科学性和合理性。三洲镇设有专门的水土流失监测站,并且拥有专门的土壤分析设备。杨梅产业已经成为三洲的一张名片。杨梅产业就是三洲镇用科学思想指导水土流失治理的一个很好的例证。当初,为了测试三洲是否适合种植杨梅,专家对三洲土壤的分析、杨梅的试种、施肥方法都进行了详细的调研和论证。等到试种成功以后,专家又对农户进行培训和指导。

二、三洲镇治理水土流失取得的成效

1. 三洲镇治理水土流失取得的总体成效

三洲镇治理区植被覆盖率由15％～35％提高到65％～95％,侵蚀模数由每年每平方公里8580吨下降到438～605吨,径流系数由0.52下降到0.27～0.35,含沙量每立方米由0.35公斤下降到0.17公斤,群落向多样性、稳定性演替,生态环境大为改善。经过十多年努力,昔日的火焰山已经披上了绿装,山地植被覆盖度从原来10％提高到50％～85％,鸟兽昆虫又重新回到山上。从1992年至今,全乡共种植杨梅1.12万亩,还带动河田、濯田种植3000多亩。通过开展种植技术培训,出台补助政策,引导农户走出一条“草牧沼果”的绿色环保种养之路。三洲镇大力发展杨梅产业,全镇共种植杨梅12000余亩,年出产杨梅3000余吨,产值达5000多万元,有效带动周边河田、濯田等乡镇杨梅种植业发展,被誉为“海西杨梅之乡”。通过举办杨梅旅游文化节,与公司、旅行社签订销售合同,打通浙江的销售渠道,每年杨梅生产1000吨以上,打响了“海西杨梅之乡”品牌。被评为“杨梅王”的村民戴华腾谈道:“我们三洲人对杨梅树有着比稻子、烤烟、槟榔芋更深的感情,它是我们的车子、房子,也是外面世界的人了解我们的一张‘优质名片’。”上万亩的杨梅林既吸引了百鸟来巢,也引来了远方的游人和投资商。三洲镇从过去能摊熟鸡蛋的“火焰山”变成绿满山、果飘香的“花果园”,从“水土流失冠军”到“水土治理典范”,被专家誉为我国南方红土壤区水土流失治理的品牌和典范,成为福建省生态省建设的一面旗帜。目前,三洲镇已经联合河田镇、策武镇一同红红火火地开展生态旅游业。

村民们的环境保护意识、生态建设素质明显提高。如今已经可以自觉地做到不乱砍滥伐,并且积极地去了解生态建设的惠民措施。这使得村民的自身素质得到有效提高,村民们也有意识地将粮食作物的种植转变为经济作物、观赏树种的种植,提高收入。在目前由“花果山”走向“生态家园”的阶段中,各个村落的修缮道路、垃圾污水处理方面成果显著,使得村民的生活环境得到明显的改善,得到村民的一致赞赏。这也集中体现出村民最关心的生态建设就是民生建设,生态建设的基础与细节体现在与村民切身利益相关的小事上。各个村落均能有意识地利用自然地理位置,发展适合本村的观光旅游农业,带动农民增收。

2. 走访的村落在治理水土流失取得的成效

三洲村是三洲镇政府所在地。经过近二十年的封山育林,三洲村实现了从“火焰山”到“花果山”的转变,水土流失问题明显改善,生活环境得到有效提升,三洲村正在红红火火地开发生态文化旅游。由于国家级湿地公园建设以及中国历史文化名村古镇旅游区的建设,游客数量明显增加,故经营家庭旅馆、百货店、饭店的村民人数增加,收入也显著上升。杨梅节的采摘旅游更给村民带来了巨大的收益。

桐坝村处于汀江支流南山河下游,全村有五个自然村,村民2600余人,村内主要种植烤烟、花生、槟榔芋这三类经济作物。接受采访的几位村民均表示生活环境较之以前改善巨大，尤其是生活垃圾和污水得到妥善处理。桐坝村日前规划三洲湿地公园桐坝休闲区，故村中的一些主干道得到修缮，村民们非常支持，非常高兴。这也意味着桐坝村处于由“花果山”到“生态家园”的转变阶段。

小溪头村地处三洲集镇的东南部约3公里，在南山河支流的西岸，由6个自然村，全村人口1100余人，共有党员27人，村内拥有耕地面积1056亩，其中种植烤烟300多亩，花生100多亩。山地面积1047亩，其中生态公益林1.1万亩，竹林3000多亩。村内还种植了杨梅400多亩。森林覆盖率可达到70%。整体生态环境的改善使得小溪头村的村民生活也得到了改善，气温有所下降，水土保持较好。

三、三洲镇生态文化旅游建设

在中央、省、市的关心支持下，继续发扬闽西人民“干革命走前头、搞生产争上游”的苏区传统和“滴水穿石，人一我十”的水土流失治理精神，围绕建设生态省的目标，按照社会经济和生态环境协调发展，各个领域基本符合可持续发展的要求，继续大胆探索、先行先试，做好生态环境的恢复、生态资源的保护、生态优势的利用、生态经济的发展等各个方面的工作，建立一个符合长汀发展实际的生态环境体系、生态经济体系、生态人居体系和生态文化体系。在更高起点上把长汀建设成宜居、宜业、宜游的全国生态文明示范县。

三洲镇政府在治理水土流失方面取得了如此巨大成绩之后，镇领导准确地将“生态建设”解读为“民生建设”，于是，三洲镇政府在上级政府领导下，定位于继续巩固治理水土流失已经取得的成果，不引进重工业，结合农业来发展生态旅游业。三洲镇政府结合本地资源优势正在精心打造三洲杨梅生态旅游节、国家级湿地公园、三洲古镇旅游和农家乐休闲旅游，树立三洲生态旅游品牌。三洲镇为了发展生态旅游业，政府部门对三洲镇的旅游景区进行了15～20年的长期规划。

1. 三洲镇生态文化旅游建设的优势

(1)交通优势

三洲镇地处长汀县东南部,距离县城34公里,651县道穿三洲村而过,东北与河田镇毗邻,东南与涂坊乡相接壤,西北与河田镇交界,西南与濯田镇相邻。三洲镇距离319国道、龙长高速、赣龙铁路都在10公里内,距离高速公路河田出口7公里,交通十分方便。三洲镇集镇主干道及村主道已实现路面硬化。三洲镇距离福建沿海发达地区的交通非常方便,厦门、漳州、泉州、福州等城市路程都在5小时范围之内。又地处于闽、粤、赣的交界处,对于广东和江西的游客也非常方便。

(2)三洲镇的历史文化底蕴

三洲古镇历史悠久,南宋至清末先后在此设墟、铺、公馆、驿,是闽、粤、赣边重要的水陆交通枢纽、商贸重镇和货物集散中心,为当时的汀州的繁荣和发展做出了重大贡献,被誉为"海上丝绸之路绿色飘带",汀江上一颗璀璨夺目的明珠。三洲是长汀古建筑群集中的一个典型村落,现有各类古建筑民居近百处,其中最具代表性的是戴氏家庙、新屋下古宅等。戴氏家庙位于三洲村落下街入口处,是三洲戴氏的开基总宗祠,始建于元代,后裔繁衍于海内外,历代均有修葺,近代由戴仲玉进行了大规模整修,面貌焕然一新。该家庙具有浓郁的客家祠堂风格。其正中为高大的方形大门,两边配置上拱形侧门,顶楣为抬额耸举的额枋。整体建筑内部,柱梁纵横,精雕巧构,匠心独运。此家庙是台湾及其他地区戴氏后裔返乡谒祖的重要纪念建筑。新屋下古宅建于明正德八年(1513年),后有修葺,坐西北朝东南,石门楣刻有"绪缵谈经"字样。木构件雕刻刀法流畅,做工精细。三洲古村落的其他民居群,亦大都体式庞大,布局讲究,做工精细,各具特色,影响深远,共同呈现着汀州乡村古镇的气韵风貌。三洲古镇千年的历史积淀了深厚的文化内涵,历史文化、红色文化、客家文化交相辉映。三洲古镇较为完好地保存了众多宋、元、明、清时期的建筑,其中成片的居民建筑、礼制建筑、文化建筑、崇祀建筑、古街路亭共60余处。这些古建筑演变脉络清晰,是客家建筑的缩影。三洲文化是客家文化丰厚底蕴传承和展示的重要载体。下面以三洲镇所在地三洲村为例。三洲村是长汀县三洲镇政府和集镇所在地。三洲村是千年古镇,村内有大量的古居民、宗祠,还有古书院、寺庙、古桥、文昌阁、古街亭、古井、古城门、古城墙遗址等。三洲村里面有大规模的古建筑群，如元代的城墙、明代的祠堂和清代的民居。其中被列入文物保护单位的就有11处。三洲村依着汀江，是一个典型的客家古村落，客家人最敬祖宗，不管在哪里，修建得最漂亮的往往是祠堂。三洲村是现代人体验客家文化的一个值得的选择。民风古朴，清乾隆皇帝亲授三洲为“古进贤乡”。第二次国内革命战争时期，老一辈无产阶级革命家毛泽东、朱德、邓小平等在这里开展了如火如荼的革命斗争，为这座古镇增添了浓墨重彩的一笔。毛泽东、朱德在这里设立了“永红乡”，被誉为“中国红色第一乡”，并且在这里指导革命。所以，当年的红军标语、毛泽东旧居、苏维埃旧址也存在于三洲村的古建筑群中。三洲村2010年被住建部和国家文物局评为“中国历史文化名村”，被中共龙岩市委、市人民政府授予第九届、第十一届文明村，被中共长汀县委、县人民政府授予第十一届文明村。

(3)三洲镇的产业优势

三洲镇政府为了调动村民治理水土流失的积极性，实行山地承包政策和引进企业政策，谁承包了山地，谁负责治理，但所获得的收益也全由承包人获得。正是在这种承包制以及引入企业的政策下，经过十多年的艰苦奋斗，现在三洲镇的生态不断得到了改善，还带来了良好的生态效益。三洲镇以经营农业和畜牧业两大传统产业为主，农业以种植稻谷、杨梅、地瓜和花生为主，第三产业发展比重较小。在富含稀土的荒山上种植的东魁杨梅比原产地更为优秀，主要为早熟、味甜、个大，经济效益极高，仿佛是专门为三洲准备的水保树、致富树。三洲镇的杨梅产业在全国的杨梅产业内也打响了名声，树立了自己的品牌。2008年，三洲镇与县旅游局联合举办了首届三洲杨梅生态旅游节。以后每年在杨梅成熟季节的时候都举行杨梅生态旅游节。杨梅生态旅游节，吸引了大量的游客来采摘杨梅，增加了三洲镇村民的收入，并且具有良好的宣传效果。所以三洲镇大力发展杨梅产业，全镇共种植杨梅12000余亩，通过举行杨梅文化节接待游客4万多人，年出产杨梅3000余吨，产值达5000多万元，有效带动周边河田、濯田等乡镇杨梅种植业发展，被誉为“海西杨梅之乡”。三洲镇也大力发展生态茶园，种植品牌为台湾软质乌龙、金萱、四季春、铁观音等。生态茶园既改善了生态、美化了环境，也通过产茶叶带来经济效益(通过与台商的合作,通过供销社农产品信息服务中心与国内大中城市实现农超对接,已经达到每年 810 万元的销售额),同时吸引着游客来参观。三洲共 2000 多亩油茶,这些油茶既具有保护水土流失的功能,又由于现在市场行情比较好带来经济效益,同时也具有吸引游客的观赏性价值。三洲的河田鸡也是本镇的一大特色吸引着游客。三洲的河田鸡是世界五大名鸡之一,具有较高的营养价值,含有丰富蛋白质和人体必需的 11 种氨基酸。2006 年,国家质检总局批准对长汀河田鸡实施地理标志产品保护。现今,河田鸡也是三洲镇的一个标志性的产业。当然,三洲镇还有其他土特产闻名于天下,可以成为很好的旅游资源,如三洲镇的米酒、豆腐干、米粉等。

2. 三洲镇生态文化旅游建设项目

目前三洲镇已经对进河田—三洲生态景观道路、国家级湿地公园、生态新村、汀江拦河坝、古镇旅游区等 5 个项目实施,加快推进三洲旅游建设,完善旅游服务接待功能。古镇景区内外标识系统、旅游购物街、古宅修复、游客服务中心、星级厕所等工程正有序推进。

(1)古镇旅游开发项目

三洲镇古镇旅游区开发的重点项目都集中在三洲村,是三洲镇最为富裕的一个村落。全村有 6 个自然村,4000 余人,境内交通便利,商铺繁华,是长汀县美丽乡村建设示范村。由于三洲村中国历史文化名村古镇旅游区的建设,游客数量明显增加,经营家庭旅馆、百货店、饭店的村民人数增加,收入也显著上升。杨梅节的采摘旅游更给村民带来了巨大的收益。目前,三洲镇在三洲村中建立“古进贤乡”古镇旅游区、丰盈杨梅生态农庄、万亩杨梅观光园等项目。

政府部门把三洲村的那条街道规划为旅游购物街。为了秉承三洲镇传统客家文化建筑风格,政府部门已经投入资金把旅游购物街的现代农村建筑在原来的基础上改建为客家建筑。所以,旅游购物街便能让游客体会到原汁原味的客家文化。政府为了吸引商户入驻旅游购物街,通过资金上的扶助来鼓励本地村民创业、建立商铺,也同时鼓励本地村民利用资源优势开发土特产。并且通过颁布“旅游示范户”(获得“旅游示范户”的农户也会得到物质方面的奖励和资金上的支持)来鼓励村民积极参与古镇旅游区的建设。比如,三洲镇在建发展生态旅游业之前,没有提供住宿的旅店、宾馆，政府通过提供资金上的补贴和相应的技术上的支持，让当地居民自己创业建立宾馆、旅店之类的。所以三洲镇镇上现在已经有了3家宾馆，而且里面的设施条件都达到了规定的标准。政府对三洲村古街道及环境进行整治，重铺了3600米鹅卵石古街道路，拆除了古街旁猪圈、露天厕所72间800多平方米，清理了20多个小垃圾堆。同时建设三洲村瑶泉旅游购物街，并对村庄进行统一立面装修、雨棚、店牌等制作。政府也启动了三洲集镇段道路改造工程，总投资约1200万元，道路全长2566米，采用双车道三级分路标准建设，沥青路面，与河田—三洲生态景观道连接贯通，广植荷花、桂花，进一步打造靓丽的生态景观。

古镇旅游区的重点是三洲村的古建筑群的游览。为了保护古民居的古建筑群，镇上实行了落实到个人的干部负责制，干部要定期对古民居的建筑进行检查。为了安抚住在古民居的村民，镇上规划了生态新村，把古民居中的村民迁移到生态新村的新家，并且给予相应的经济上的补偿(政府也会根据古民居的房子的好坏给予适当的补贴)。现在生态新村第一期已完成，80%入住。生态新村的规划首先是规定地价，最大程度保障百姓利益，之后给百姓提供图纸，规定时间，百姓自己建造，同时给予耗时少的住户奖励。生态新村分配房屋根据人口，不根据原住房面积，现在的房间有两种类型，60平方米和90平方米。对于古宅的修复，文物局的专家们提供了专业上的支持，并且特地请来修复文物的工匠对古民居进行修复。政府已经把古建筑群内的小巷子以及一些其他通道都铺上了石子路。在古村外面也种上一些观赏性的植物，如荷花。当然，村外本来就是绿油油的一片稻田，也有一片种满芋头的田地，非常具有观赏性。三洲镇加强对古民居居民的登记管理，加强对古镇沿街餐饮、住宿、购物设施的管理，加强古镇居民行为引导，营造良好的旅游氛围，扎实推进龙岩市十大旅游名镇创建工作。

(2)三洲国家级湿地公园建设

经过长期的治理，三洲已经成为远近闻名的“花果山”。三洲人民没有满足于此，他们正在规划建设一个湿地公园，把镇里的旅游业发展起来。近年来，三洲镇围绕“绿色经济、生态家园”的科学发展之路，加快推进从“荒山到绿洲到生态家园”的历史性转变，三洲湿地公园先后被列为

2013年省市重点项目。2012年7月,三洲湿地生态公园拉开建设大幕。在国家林业局湿地办的指导下,三洲湿地公园扩大面积,提升为汀江国家湿地公园。2013年5月开始湿地公园建设,将分为近、中、远三个阶段8年建设期,估算投资额达8300万元。三洲湿地公园是县委、县政府今年重点推进的项目之一,全县各级各部门要全力支持,加强配合,要整合国土、环保、林业、农业、水保等部门的项目资源,发挥最大的效应,同时要加快工程的建设进度,加大招商引资力度,尽量争取央企的支持,全面启动三洲湿地公园建设。

三洲已全面启动"五个一"项目建设:河田—三洲生态景观道路、国家级湿地公园、生态家园、汀江拦河坝(含生态护堤)、古镇旅游区,目前,"五个一"项目已完成投资2.12亿元。利用三洲镇处于汀江河与南山河交汇处的地理优势,以及河滩湿地的自然环境,三洲镇国家级湿地公园将"花果山"升级为"生态家园"。湿地生态园位于长汀县三洲镇三洲村,占地面积69.6公顷。其中湿地面积15.8公顷,山地面积53.8公顷。湿地生态园属闽西南上古生代覆盖的低山丘陵地貌,沟谷两侧地势较为平缓,山地海拔269～310米,沟谷海拔280.5～269.7米。园内现有水系一条,从东南侧注入,在杨梅山庄前汇集后汇入北侧的汀江。湿地生态园山地部分保持地形地貌的完整性,仅对植被进行景观改造。湿地部分规划对农田进行清理挖掘,并筑坝造塘。为了增强可览性,规划对项目区谷地内的湿地进行改造,设置四道拦水坝,将水面细分为五个相对独立的空间。即湿地生态园采用"一环两湖三洲"的总体布局。其中,"一环"指通过对湿地生态园周边山体森林景观的改造,打造色彩丰富、层次多样的季相林;"两湖"指位于湿地生态园北侧的渔湖与七彩湖;"三洲"为位于南侧的荷梅洲、乌枫洲、桃樱洲。公园以客家母亲河"汀江保护"为主题,展示长汀水土流失治理和生态文明建设成果。湿地公园的建设,在保护了自然河滩湿地、展示长汀水土流失治理的艰辛和成果的同时,也为发展生态观光农业旅游提供了坚实的依靠。三洲镇国家级湿地公园的建设保护为主,经济收益为辅。当然,公园作为长汀湿地资源恢复、水土流失治理的典范,为汀江特有鱼种及其他水生沼生动植物提供了良好的生存环境。三洲镇国家级湿地公园的开发利用对促进生态文明建设、美丽乡村建设具有典范性的教育意义。

三洲镇国家级湿地公园的建设是在专家对三洲镇进行实地考察后通过评审后实施的。三洲镇境内，流淌着汀江和南山河，两条河长 18 公里，可形成 3 平方公里的水面面积，两河间内陆鱼塘、库塘众多，湿地资源丰富。三洲湿地公园总占地面积 22 平方公里，按国家 5A 级景区要求建设成以河滩、沼泽为主的综合性湿地公园，向人们展示农耕文化、红色文化、客家文化和生态文化。

第三节　三洲镇生态文明建设的经验

一、政府积极领导治理水土流失

对于“靠山吃山，靠水吃水”的农民来讲，他们沿袭已久的生产生活方式和水土生态观念很难加以转变。政府一定要出台相应政策并配套资金进行积极引导，对农民进行必要的生态保护意识教育，辅之以一些严格的水土保护制度规范，使农民真正意识到水土保护的重要性，并且使农民真正从水土保护中感受到实惠，获得了收益，才能提高其采取环境友好的生产生活方式的积极性，使水土流失治理和生态保护真正取得实效。水土流失治理是一个长期、复杂的过程，政府部门不能只是一时兴起，不能一蹴而就。要充分认识水土流失治理的长期性、艰巨性和复杂性，必须有信心、决心和恒心，换届不换目标，换人不换任务。对于水土流失治理要进行长期规划，行政领导一任接一任地抓下去，干部群众一批接一批地干下去，持之以恒，坚持不懈，才能取得实效。在生态保护中，要通过扶贫项目增强村民自我发展的信心和能力，为村民之间互助合作提供机会，提高村民的自我管理能力，由此增强村民的环境保护意识，确立村民在生态保护中的地位，即由消极因素变为积极因素。要改变保护区管理机构的工作思路和方法，即社区群众不是保护区的麻烦，而是保护区的伙伴。

二、利用本地的生态资源优势,把生态资源变成生态效益

三洲镇从昔日的"火焰山"到今日建设生态"湿地公园"的实践告诉我们,良好的生态环境也是一种资源优势,关键是如何把生态资源变成生态效益,使二者相得益彰。山区县的发展完全可以摒弃常规模式,按照"经济环境"和"享受环境"的全新理念,让区位优势、资源优势、产业优势、人文优势得到充分体现。通过保护生态环境,为未来区域可持续发展积累物质基础;通过绿色发展,创造区域新的发展机遇,形成生态保护与区域发展良性互动的局面,走出一条通过保护生态环境带动区域经济发展的全新道路。将生态理念融入经济社会发展和管理的各个方面,推动了人与自然、人与社会的和谐,将一种新的人与自然关系及人与人的关系展现给世人。

三、保障民生是生态保护的重要基础

三洲镇的发展之路向我们表明了一个深刻的道理,为了生存发展不能以破坏生态为代价,破坏了生态或许可以换取短期发展的好处,最终得到的却是大自然的惩罚。但在生态保护中,也要注重民生。如果不能够采取正确的方式处理好保护与民生的关系,就不可能真正做好环境保护工作,甚至还会激化社会矛盾,影响社会和谐。生态保护也不能以牺牲世代居住在生态保护区内的当地农民的生存和发展权益为代价。只有把农民放在农村发展与自然保护的中心位置,解决贫困农户的生活出路问题,让农民亲身感到自身的发展与环境保护息息相关,保护区是他们赖以生存的家园,让广大农民分享环境保护的益处,这样才能获得广大人民群众的支持,巩固生态保护的成果。

四、因地制宜治理水土流失

"具体问题,具体分析"。三洲镇的实践告诉我们,治理水土流失,要结合当地的实际情况来进行。三洲镇治理水土流失之所以能取得成功,

原因之一是三洲镇政府在执行上级命令并且不违背领导意志的情况下灵活地采取了一些适合当地风俗习惯的政策形势。如分猪肉给村民吃、结合村民的教育水平进行生态文明建设宣传教育和通过走访拉家常的方式向村民说道理的情况等。治理水土流失,政府如果遇到人民群众的不理解,可以结合当地实际情况,以当地人民群众可以接受的方式制定政策。如果盲目地生搬硬套,就会增加人民群众和政府之间的摩擦,甚至会引发冲突事件,这就是“好心办坏事”。认真地调查并分析当地的风俗习惯、人民群众的生活方式,再制定出他们可以接受的政策,这样的政策会起到事半功倍的效果。

第四节　三洲镇生态文明建设存在的困难和挑战

一、村民对生态文明建设参与的积极性有待进一步提高

村民文化素质不高,他们看得没那么长远,对政府的生态家园建设规划不太关心,只是关心自己身边的一些事情。在调研过程中,我们发现留守儿童和留守老人在三洲镇也是挺普遍的。一般情况下,一家的标配是一对老人和两三个小孩,偶尔会有女人在家带孩子。青壮男基本都已经外出打工,并且还发现留下来的成年人中,年龄基本上都在50岁以上。这也表明三洲镇主要的劳动人才都流失到外地去了,他们没有积极地参与生态文明建设,也没有考虑到借助发展生态文化旅游业来脱贫致富。

长期受“各人自扫门前雪,休管他人瓦上霜”这种独善其身的思想影响,老百姓通常不会主动去了解镇政府对于本村的规划,对于本村的生态建设目标不支持也不反对,只是被动地接受。对于这部分村民来讲,他们也不会积极参与,有的人甚至还会阻挠生态旅游的发展。他们也不能够意识到生态旅游会给他们带来好处。而且,绝大部分的人对“生态旅游是什么”都不清楚。相较于建设生态旅游休闲区,村民更关心自家门口的路灯什么时候能安装上、什么时候能修建沟渠使灌溉方便。尤其

是在“男主外女主内”思想比较根深蒂固的农村,男人们外出打工,家中的老人、小孩、青中年女人对村务漠不关心,也表示不懂。在走访的村民中,调研人员发现,由于生态文化旅游建设资金短缺,建设周期拉长,建设步伐缓慢,导致某些规划就成了纸上谈兵,无法得到村民的大力支持,招致村民的怨言。

在政府刚提倡山地承包制的时候,一些村民抓住了致富的机会,一些村民错过了致富的良机。那些没有山地的村民们,至今也不怎么富裕,他们中的绝大部分都在外面打工,只有一少部分的人留下来种田,留下来的那部分人空闲的时候也在村子里面做做零活。贫富差距的拉大会影响村民参与生态文明建设的积极性。贫穷的村民会认为生态文明建设和自身无关,把自己当成一个局外人。甚至,贫困的村民会对那些积极参与生态文明建设从而走上致富道路的村民产生嫉妒心理。

二、产业发展遭遇困难

缺少农业技术的指导以及市场参与度不高成为本地村民发展种植产业的瓶颈。在三洲镇懂得农业技术的人才很少,在一线服务的科技人员数量少,无法广泛地为农民提供生态农业发展的技术,很多杨梅基地的技术人员都是从浙江、江苏等地聘请,另外,科技服务内容单一,农村地区科技人员质量不高,自身对于科技的掌握和应用不够,而且农村地区缺少先进的农具和机械,一些技术人员不能充分发挥自己的作用。单拿杨梅树的种植来说,因为没有得到相关方面技术的指导,他们不知道通过定期检测土壤来对症下药、科学施肥,也不知道如何防范害虫,导致许多杨梅树的枯死。他们也希望政府能帮助引进生加工产业的保鲜技术,这样就能大大降低杨梅成熟期遇雨给让我们造成的损失了。在市场行情方面,村民们也没有相关方面的信息。他们的杨梅大多数都卖给龙岩地区的本地人。村民们也不知道如何寻找市场合作伙伴,所以村民向我们诉苦说,“我所忧心的是,投资商来了又走,我们这里为什么留不住他们?”

关于杨梅产业也同样遇到了发展的瓶颈。旅游旺季过短,主要集中在杨梅节前后,游客来源主要是龙岩市周边地区。因为旅游的品牌并不够响亮，知名度高的也仅限于杨梅节，所以慕名而来的游客在杨梅节达到高峰，平时的游客却太少，导致旅游资源的浪费。由于工资水平上升，现在用工成本非常高，一些产业的利润非常薄。例如，茶园大户告诉我们，因为种植茶叶是劳动密集型产业，所以需要招募好多工人帮忙，但是工资水平已经翻了近5倍，而茶叶的市场价格却没有改变，甚至还会出现滞销的情况，因此，这几年种植茶叶的利润很低。种植杨梅的黄大叔也说，杨梅的用工成本是他头痛的一件事情，对于那些种植大户来讲，资金的融通也是一方面的问题。当然，由于三洲镇的生态旅游也还处于刚起步阶段，我们也发现当地的村民们还没有充分地挖掘并开发当地的土特产，村民们也没有意识到土特产的商业价值。

三、基础设施有待进一步完善

目前，三洲镇的基础设施还是比较滞后，离生态文化旅游的标准还相差甚远。农村基础设施仍相对不足。一是农村水、路、电等基础设施大都还水平较低。部分地区农村饮用水水质差、供水保证率低、饮水安全得不到保障等问题还没有根本解决。三洲镇水厂设备简陋，用的是河网水，水质不好。农村公路质量参差不齐，整体水平不高。农村电网供电设施变电容量不足，供电保证率低，停电频繁。二是农村环保基础设施建设严重滞后。镇、村生活污水集中处理程度很低，大部分村庄均未开展生活污水处理设施建设工作。虽然目前各地农村绝大部分都消灭了“露天粪缸”，但多数农村化粪池设计标准偏低，甚至将粪便直排河网水系。由于农村生态设施建设滞后，造成了河网水质严重污染。在我们走访的三洲村，作为生态文明建设和生态文化旅游建设重点村庄，街道两旁的住宅建造只是注重房屋设计，质量无法保证。其他的房子，就还是原来的那样杂乱无章。街道也是给人又乱又脏的感觉。

四、教育事业亟待提升

在重点走访的三洲镇政府所在地三洲村，我们发现三洲村古民居的卫生、街道的卫生以及村民家的卫生都令人担忧。本镇唯一一所小学

(三洲中心学校)的教育设施条件也很落后:内部设施较简陋,学校把龙岩市的小学淘汰掉的课桌运来继续当课桌用;学校内部条件跟不上网络信息时代;学校食堂仍是80年代水平,还停留在烧煤阶段;学校运动场场地也比较单调、简陋,并且一遇到下雨便泥泞不堪;许多老师都住在学校里,但是住宿的房间很狭窄,家具也破旧。三洲中心学校的老师还告诉我们,老师们的待遇比较差,工资水平低,这样会影响老师们的教学积极性。学校的留守儿童高达85%,在校学生家庭条件比较差,这些都是令人担忧的情况。如果教育水平落后,势必会影响三洲镇的人口素质。人口素质水平低,也会使生态文明建设取得的成果变得不可持续。

第五节　三洲镇生态文明建设的对策建议

一、提高村民参与生态旅游规划与开发的积极性

在生态旅游规划和管理过程中要充分考虑当地居民的利益,以谋求旅游可持续发展。因此,开发旅游业必须立足本地,让民众充分了解政府的规划。只有在规划过程中更多地深入民众,规划才能被民众所接受。而要想使居民有能力参与生态旅游的规划与管理,就有必要提高他们的生态意识和生态保护知识。为此,必须对居民进行宣传教育,使他们明白生态旅游的价值以及会给他们带来的利益。一些地方政府机构急于在保护区内开展生态旅游,以造福当地居民和保护当地生态系统,但当地居民可能意识不到生态旅游将给他们的社会、经济、环境带来的影响。所以有必要在规划的初级阶段就强调居民积极参与,要听取当地居民的意见,使他们了解旅游规划及其进展情况。开发计划也应和居民一起制订,而非关起门来自行作业,最后发布一下信息就草草收场。以社区为基础的旅游业居民的参与极为重要,即使有外人参与,该社区还是开发的主要负责者。要保证主体社区位于开发规划的前沿,而不能只把它们当成附庸品。同时,开发获得的利润应该返还投资者和当地社区,这样做有利于保护文化遗产、生态多样性以及基本生活体系。

还要让村民参与生态旅游的经营与管理。在大众旅游中,通常只有

很少一部分居民能从旅游开发中得到实惠，大多数人只会感受到发展旅游带来的社会成本上升，如物价上涨、拥挤等。长此以往，必然会引起当地居民对游客的反感和对旅游的厌恶情绪，从而对旅游环境的保护十分不利。另外，当地居民有权利选择安静舒适的生活环境，所以社区参与是影响旅游业能否长期稳定发展的重要因素之一。让村民参与生态旅游的经营与管理目的就是让当地人或企业成为旅游开发、经营和管理的主体，充分地参与生态旅游，并从中获益，以此提高当地居民的收入水平和生活质量，带动当地经济发展。以社区为基础的生态旅游意味着由社区拥有并经营旅游生意，其获利用于保护自然资源和文化遗产，改善居民福利。

二、三洲镇产业发展对策建议

1. 政府建立高效的资源共享平台

政府应该建立高效资源共享平台（合作社），使林业和农业资源共享、优势互补、协调发展。政府还应致力于发展规模化产业化杨梅种植，积极营建绿色果蔬出产示范基地以及有机果园配套基础设施，提高农机站解决专业农林业种植生产方面问题的能力。资源共享平台给村民提供市场方面的信息，使他们充分地参与到市场中去。逐步实现农业生产组织的创新，推进股份合作制、生产合作社、家庭农场等各种应对市场经济体制运转的组织建立与完善，让农民们积极参与其中，分享信息，维护利益。

2. 杨梅产业可持续发展的建议

第一，创立品牌，形成品牌效应，加快产业成型。通过民间合作，由当地杨梅栽培大户牵头，联合散包散种的小规模杨梅种植农户，集资注册成立相当规模的杨梅种植专业合作社。实行统一、精细的科学管理方式，即统一订制包装箱、统一商标品牌、统一价格、统一销售，保证产品的品质，更进一步打造口碑效应。设立直接加工厂，形成加工链。第二，加强技术输入，降低劳动力成本。普及罗幔栽培技术，营建新型的花园式果园。采用罗幔栽培技术，用幔帐把杨梅树围起来，既可防蚊虫，又可推迟杨梅的成熟期。引种四季都开花的金银花品种和珍贵药材，套种在杨梅树下,建成一个花园式的果园,满足经济、观赏和水土保持的需求。汲取机肥深耕、果园套种、林下经济、“猪—沼—果”等生产模式的经验,发展综合化的生产模式进行普及与合作化交流,先富带后富。

3. 加速其他相关产业的发展与转型

当前人工费过高,杨梅种植达成一定程度的饱和,适度培育观赏性或药用性的作物、花卉等,发展林下经济,实现农业、林业、牧业资源共享、优势互补、协调发展的生态产业。在山区的无人区、少人区,套种石斛、金线莲、金银花、巴戟天、红菇、银杏、红豆杉等名贵中草药、食用菌、作物的潜在经济模式,均可作为未来发展的备选方案。在养猪场、沼气池等相应基础设施建设中,要合理布局,统筹安排,防止二次破坏和建设性污染。发展相关产业基础,形成复合化,做好复合化产品的定位工作和宣传工作,现阶段可操作性内容主要集中在以旅游业结合农业生产与生态建设的综合性产品的开发。如发展杨梅旅游经济的同时,与政府政策相结合,利用湿地公园、古镇旅游、农家乐,发展游客自采杨梅等产业。区别于其他地区的发展模式,此处旅游业存在长板不足的缺陷,卖点过多反而难以吸引游客,着重打造特色产业,才能有效进行下一步发展。此外,养鱼钓鱼、农家乐、养生、观光,集众多功能为一体的生态旅游业也将成为当地发展的行之有效的途径。

除了农业,推进新型工业化发展是重中之重,应从发展战略性新兴产业、改造提升传统产业、优化调整能源结构、淘汰落后产能、重点打造产业园区等方面入手。而推动服务业加快发展是关键一招,大力发展现代物流、金融、科技研发、信息服务、节能环保等生产性服务业,优化发展生活性服务业。三洲镇应在稳固农业发展的基础上提高工业和服务业的比例,使产业结构更加合理。

三、重视基础设施建设和规划

修路、处理垃圾、污水排放等基础环境建设,既与村民生活息息相关,又为未来的生态观光农业休闲村庄打好基础。基础设施的完善,是走向旅游村庄的必由之路。如果一味好高骛远追求高层次的生态旅游建设,那么,在游客量增加之后,一系列的小问题就会暴露出来,这样不利于游客量的保持和增长，也不利于三洲镇观光旅游的口碑。基础建设，是最贴近村民生活的建设，也是民生建设。从细节做起，不仅能提升村民对政府的拥戴度，也能让村民切实体会到全村生态家园建设的好处，使村民逐渐认识到生态建设的实质就是改善民生，提升生活品质，从而提高村民对生态建设的积极度，使得生态建设不仅仅是政府自上而下的建设和村民被动的接受，而是全民参与积极主动的生态建设。另外，规划要因地制宜，特色创新。根据镇领导的介绍，三洲镇想打造跑马场、水上游乐公园，此类项目要做出品牌特色，富有吸引力，对三洲镇生态旅游规划提出更高的要求。我们认为要在农家乐这方面脱颖而出，显示出不一样的特色，就要明确三洲镇旅游的特点，不能千篇一律。要重视三洲镇的自然景观和人文景观的特色建设。为此，首先要加大对三洲村古镇的保护和修复，常年的风霜使得古镇某些墙体已经倾斜，如果不进行及时的抢救和修复，有可能造成古迹损坏甚至消失。其次，要加强基础设施的配备，如路灯和摄像头的安装，保证古迹完整保存。最后，要对各个村进行精准定位，使村村有特色，户户皆受益。

四、重视教育事业的发展

政府部门在改善生态的过程中，也不可忽视了教育。党的十八大报告提出“努力办好人民满意的教育”，这是以人为本核心思想的重要体现。当前，更需要我们坚持不懈地推动教育发展，始终坚持教育事业发展不动摇。对于教育和卫生事业，政府部门也要加以重视，加大物质上的投入，提高教师的待遇，需要坚持打造优秀师资队伍不动摇。教育的成败，关键在教师队伍。为了加快教育发展，三洲中心学校必须建设一支高素质的教育管理和教师队伍。加快促进教育均衡发展，实现硬件设施、优质师资在城乡之间、校际良性互动，实现公平教育；加快改革创新，持续推进多元化办学体制改革，形成鼓励支持社会力量参与办学，形成公办教育与民办教育互相促进、共同发展的良性格局。最后，需要坚持营造尊师重教氛围不动摇。教师是人类文明的传承者，是“人类灵魂的工程师”。营造尊师重教氛围是发展教育事业的必然要求，是社会文明进步的重要标志，也是尊重劳动、尊重知识、尊重人才、尊重创造的具体体现。要始终重视、支持、理解教育,努力赢得学校、家庭、社会方面的配合与支持,进一步营造教育发展的良好环境,形成教育发展的强大合力。教育事业也有利于本镇的人口素质提高和长远发展。只有人口素质的提高才是三洲镇长远发展的保障。

结语

三洲镇政府领导村民治理水土流失效果显著，生态文明建设成就突出。镇领导先后建立生态监察队伍，实行封山育林政策，广泛开展生态保护宣传教育，实行山林产权制度改革，坚持用科学思想指导水土治理。经过多年的建设，三洲镇总体的治理水土流失工作取得巨大成效。在水土流失治理取得成效的基础上，三洲镇积极推进生态文化旅游建设，将生态建设视为民生建设的重要部分，结合农民来发展生态旅游业并进行了总体的规划。三洲镇利用其优良的交通条件、历史文化底蕴、产业优势，推进生态文化旅游项目，向人们展示了一个美丽乡村的景象。综合三洲镇生态文明建设的经验，我们认为政府的作用非常重要，另外，利用本地的资源情况，因地制宜，变资源为持久收益是一条非常重要的经验。当然，目前三洲镇生态文明建设还存在着一系列的挑战，譬如，村民对生态文明建设参与的积极性有待进一步提高，产业发展、基础设施有待进一步完善，教育事业也需要提升。为此，应充分考虑居民的利益和诉求，引导并鼓励村民主动参与生态镇的建设。政府需建立高效的资源共享平台促进产业的发展，针对三洲镇的杨梅产业发展，还需要在品牌打造、技术加工方面下功夫。可以适度培育观赏性或药用性作物、花卉等，发展林下经济，实现农业、林业、牧业资源共享、协调发展。针对基础设施薄弱和教育事业发展不足，要对各个村的实际情况进行精准盘点和定位，并将其纳入整体的基础设施建设进行通盘考虑和规划。政府部门要加大对教育和卫生事业的投入，提高教师待遇，引进高素质教育管理和教学人员，促进教育均衡发展，实现教育公平。

第三章　中国特色社会主义生态文明建设长汀模式在策武镇

第一节　策武镇生态环境概况

策武镇是长汀县水土流失最严重的地区之一,从20世纪中叶开始人们有了改善水土流失问题的意识,但是由于当时科学技术落后,自然条件恶劣,治理失败。水土流失问题没有得到有效遏制,反而越来越严重,80年代开始,通过各方面的努力,策武镇的水土流失问题终于得到了有效遏制,策武走上了生态文明建设之路。

一、策武镇自然地理概况

策武镇地处长汀县中部,东接新桥、河田镇,西南与古城、大同镇交界,西北与濯田、四都镇相连,是典型的城郊型乡镇。区域面积168.1平方公里,山地面积19.9万亩,耕地面积1.29万亩,龙长高速公路、赣龙铁路、319国道、205省道与汀江河穿镇而过。

策武镇地势由北向中南倾斜,平均海拔300米,年平均气温18～19℃,年降雨量1400～1700毫米,全年无霜期275天左右,属亚热带海洋季风气候,四季温和。策武镇水利资源较为充沛,客家母亲河——汀江自南向北流经该乡7个行政村,流程达13.5公里。建有小型水库2座——濑溪水库和李田水库,股份制电站1个——红江电力发展股份公司。

策武镇境内多山，现有山地面积19万亩，林地面积18万亩，木材蓄积量13万立方米，绝大部分为针叶林和阔叶林。全镇宜果山地面积2万亩，大都位于交通便利的国道、省道和乡道两旁。土壤以红壤为主，适宜多种农作物的生长。粮食作物以水稻、甘薯、马铃薯为主；经济作物主要种植烤烟、油菜、蔬菜、板栗等；果类主要有银杏、美国脐橙、油柰、圆金柑、早酥梨、水蜜桃等，其中美国脐橙、油柰为本镇的特色产品。

如今的策武自然环境优美，森林覆盖率到达83.6%，境内有汀江河、林田河和南溪河。策武旅游资源丰富，自然、人文景观众多，有建于明代永隆年间的当坑村永隆桥，有坐落于策星村境内的东华山，有德联万亩果场，有红军入闽以来的第一场胜仗——河梁村境内的长岭寨战斗旧址。1929年3月14日，毛泽东、朱德率领红四军2000多人，消灭了国民党福建省第二混成旅2000多人，击毙旅长郭凤鸣，取得入闽第一仗的伟大胜利。建有长岭寨战斗胜利纪念碑，建于1985年，高4.9米。1981年6月，长岭寨战斗遗址被公布为第一批县级文物保护单位。2001年，长岭寨山脚山建成红军长征出发地纪念园。目前，南坑村以"银杏水乡、生态南坑"为主题，大力发展乡村休闲旅游。

二、策武镇人文社会概况

镇政府所在地距县城14公里，辖14个行政村(策田、策星、林田、当坑、高田、红江、德联、陈坊、河梁、李城、立天、南坑、南溪、黄馆)，144个村民小组，总人口2.7万人。村民均为汉族，以客家习俗方式生活。

1949年长汀县设第十二区，1956年改策田乡，1960年改公社，1984年复置乡。1997年，面积168.1平方公里，人口2.6万，2000年，乡政府驻地从策田村迁移到德联村。2011年6月17日改为策武镇。

策武镇镇民的收入多以种植业和养殖业为主，改革开放以后，更多年轻的镇民前往县城或者厦门、福州等地区打工，打工收入成为家庭主要的收入来源，镇里常住居民多为留守老人和小孩。

近年来，策武镇根据十八大、十九大和习近平总书记关于长汀水土流失治理工作的重要批示精神，按照"百姓富、生态美"的要求，坚持"绿色经济，生态家园"的科学发展之路，按照县委、县政府汀江生态走廊建设“策武段稀土工业与工贸发展区”的发展定位,围绕“把策武建设成为工贸活跃、生态优美、民富镇强的美丽新城区”的总体目标,突出工业强镇建设,大力发展绿色经济,统筹推进生态家园建设,促进新型工业化、城镇化、农业现代化、信息化同步发展,使全镇经济和社会各项事业呈现快速、协调发展的良好态势。

2013 年,全镇实现社会总产值 56.54 亿元、比增 59.5%,其中工业总产值 55.28 亿元,比增 61.7%,农业总产值 1.26 亿元,比增 7%;完成固定资产投资 19.22 亿元,财政收入 1690 万元,比增 21.67%,农民人均纯收入 8541 元,比增 9%。策武镇先后荣获福建省第十一届文明乡镇、省级生态乡镇等称号,是龙岩市“321”特色乡镇建设的 20 个工业强镇之一。2020 年,入选省级乡村治理示范乡镇名单。

三、策武镇水土流失问题

策武镇土地面积 251021 亩,通过调查和 1999 年卫星遥感显示,有 109377 亩为水土流失区域,占土地总面积的 43.57%。策武镇是长汀县水土流失治理的重点区域,“长汀哪里苦? 河田加策武”的民谣是当时策武生态恶化、生活贫困的真实写照。经过几十年的艰辛努力、矢志治荒,全镇累计治理水土流失面积 4.7 万亩,占全镇水土流失面积的 42.7%,南坑也从“难坑”变成“富谷”。

策武镇水土流失是长年积累造成的,其中有人为原因也有客观因素。人为因素主要是有部分村民上山乱砍滥伐,利用树枝当生活燃料,其次村民的环境保护意识相当薄弱,农业、种植业和养殖业的废弃垃圾没有处理直接丢弃,给环境带来了沉重的负担。而客观因素包括:一是策武镇地形以山地丘陵为主、地势比较崎岖;二是策武镇的土壤大多是红壤,土壤肥力差,易流失;三是策武镇属于亚热带季风性气候,常年雨量较大,雨季较长,容易发生地质灾害。

因此,要治理策武镇的水土流失状况要从客观上改进生产方式,不但是一场技术仗,更是一场思想转化的硬仗。这些年来,不管是政府还是村民都做出了很大的努力,付出了一定的代价,但也收获了很多经验。

在农业方面,策武村民对于农业垃圾从简单粗暴的处理方式转换为科学的方式，对废弃的农作物采取填埋的方式，把它们转换成养分和养料，增强土壤的肥力，有助于下一季农作物的生产。

在林业方面，林业站每年都会大批种植树木，同时每年都对山上的树进行精心维护，并且努力改良树种结构，力图丰富丘陵中树种的多样性。为了保持水土的同时能发展经济，政府鼓励村民们种植银杏和其他果树，也对土地实行承包，从而形成了万亩果场和银杏基地这样的大规模果树种植基地。

在养殖业方面，策武镇主要以养殖猪鸡鸭等为主，镇政府对猪粪采取统一处理。每个村都有统一的化粪池，猪粪集中起来通过化粪池变成燃料输送到村民家中。经过多年的努力，策武的水土流失治理取得了显著的成效。

第二节　策武镇生态文明建设的历程和成效

策武镇从中华人民共和国成立之初开始着手生态建设，其生态文明建设的历程同水土流失治理具有密切的联系。该镇曾是长汀县水土流失最严重的乡镇之一，其生态文明建设就是从治理水土流失治理开始的。其主要历程是从农业的循环利用到绿色工业的建设再到绿色经济——生态旅游业的兴起，循环农业、绿色工业和生态旅游业的建设最终形成了策武镇具有特色的生态文明。

一、从治理水土流失开始的生态思想

策武镇生态文明建设的开端始于水土流失的治理。把荒地变绿是一项长期且严峻的工作，需要政府的胆识和总体的规划，也需要人民群众的积极参与和配合。

策武镇按照“一个理念”、“一种精神”、“一个要求”、“两种渠道”、“三个重点”、“四项原则”和“坚持六条经验”的治理思路，全力推进全镇新一轮水土流失治理工作。主要就是以科学发展的理念，继续发扬“滴水穿石、人一我十”的拼搏精神，按照“进则全胜，不进则退”的要求，从争取上

级各级各部门人才、资金的支持和谋划对接项目建设两种渠道入手,重点抓好稀土工业园区、生态乡镇建设、新农村建设三大主要工作,坚持突出重点、优化布局、巩固提升、务求实效的原则,坚持以政府主导、社会参与、多策并举、以人为本、持之以恒的治理经验,把策武水土流失治理提高到新的层次。在灌溉技术方面,策武镇全面采用滴灌方式,水管从地下直接把水输送到植物的根部,保证植物能够充分地吸收并且不会造成水分的蒸发和浪费。

对已治理的水土流失地实行全面封禁和补植阔叶林,打造复合型森林。通过人工补植常绿阔叶林,如木荷、闽越栲、杨梅、青冈以及枫香等,营造针阔混交草、灌、乔复合林分,优化品种,并通过抚育追肥管理,促进林分优化结构,使种群向近天然林,提高水源涵养能力,同时防止因林分结构单一产生林下水土流失,恢复"土壤水库"的作用,使汀江源头流域生态系统的整体功能和可持续发展潜力得以提高。对未治理的水土流失区域分年度逐步治理。

在治理目标上,从山头"由红变绿"向"让绿色变成财富"推进,打造以果业、经济林为主体的水土保持产业;在治理的举措上,由减少水土流失面积为手段向减少与防治地质灾害推进,打造崩沟整治、护岸护坡为主体的造福工程;在治理战略上,做到生态水保与民生水保统筹推进,打造以"草牧沼果""生态农家小院""森林人家""农家乐""生态文明新村""重要水源地保护"为主体的多种水保治理模式,为打造"工贸活跃、环境优美、民富镇强的长汀新城区"提供支撑与保障。

二、打造循环农业

水土流失治理工作的开展是策武镇生态文明建设的开端,在水土治理工作的发展过程中也不断地促进了生态农业、生态工业和生态旅游业的全面发展。

农业是农村的经济支柱,传统农业的发展给策武镇生态带来了一定的损害,主要是农业垃圾的污染。林业方面,树种单一、针叶林为主,容易造成土壤肥力缺失、水土流失问题加剧。养殖业方面,病死生禽乱丢弃,家禽粪便没有得到有效处理。

针对这些现象，策武镇采取了一系列措施。首先，在农作物种植方面，禁止大规模种植对土地伤害大的作物。对于农作物的垃圾处理也实行统一焚烧。并且对于农作物垃圾，即农作物秸秆等进行填埋，使它们变为天然的肥料，为下一轮农作物的生产提供肥料的同时防止造成农业污染。还有在浇灌方面，全镇普遍推行滴灌技术，节约了大量的灌溉用水。

其次，在林业方面，禁止村民上山乱砍滥伐，倡导村民用电，给予每户村民用电补偿。村民们一开始即使有补偿也不习惯使用电，有些老人还是喜欢上山去砍柴，但是经过政府的宣传和引导，大家开始慢慢地适应了用电。自从感受到用电的方便之处后，全镇已经普遍开始使用电力。策武镇改变原来以针叶植物为主的物种模式，开始种植阔叶物种，还种植富叶千百层。逐渐建设景观林和公路两边的阔叶林。阔叶林的建设也是循序渐进的，持续地把阔叶树种掺杂到针叶林中，不断改成阔叶林。

最后，在养殖业方面，许多村落开始实行规模化养猪，对于动物产生的粪便实行集中处理。在养殖地旁都配套设有化粪池，有些化粪池的管道直接通向村民家中，这样沼气就能直接作为村民的能源。

三、绿色工业在成长

农业是农村之本，在农业方面的治理达到一定效果之后，政府为了加强镇民的收入开始引入工业。策武镇的工业是新生儿，由于脆弱的自然环境以及生态文明的理念，策武镇工业的发展也是绿色发展。

围绕长汀县“3＋2”主导产业发展，结合策武产业发展的区位优势、产业优势、技术优势等资源，策武镇依托福建（龙岩）稀土工业园区和长汀产业园区（工业新区）两大产业发展平台，以稀土和机械电子产业为工业发展方向和重点，以商贸旅游为突破口，加大招商引资力度，加快实施一批带动力强的重大项目，不断延伸产业链，培育壮大稀土和机械电子产业集群，增强综合经济实力，努力使策武段稀土工业与工贸发展区建设成为汀江生态走廊建设的排头兵，成为“绿色经济·生态家园”科学发展之路的先行区。

稀土工业园区已实现通水、通电、通路和土地平整,2013年绿化美化完成投入500多万元,累计完成投入1200多万元;日处理4万吨(一期2万吨)的污水处理厂完成主体工程;11万伏变电站已建成投入使用;1.2万平方米服务中心大楼已封顶,正在装修;一期6幢2.7万平方米标准厂房已建成投入使用,其中3幢已引进LED生产项目;一期4幢、二期5幢职工公寓已建成可投入使用。工业新区积极做好园区"三通一平"、道路建设和绿化美化等基础设施建设,为企业引进提供良好的承载环境,新落户企业7家。

为了打破"先发展,后治理"的困境,稀土工业园区在园区完成投入使用之前,已经铺设好污水处理管道。园区的绿化也是在园区正式投入使用之前已经建设好。

四、以工农业为基础,生态旅游业崛起

农业和工业是国民经济发展的基础,由于策武自然环境优美但脆弱,在生态文明的发展历程中,生态旅游业在工农业发展的基础上萌芽并不断崛起。策武镇生态旅游业主要是发展典型、辐射周围、带动全镇的模式。其中两个典型分别是南坑的生态旅游基地和黄馆村生态文化大观园。

1. 南坑乡村旅游项目

南坑村被列为"十全十美"乡村旅游基地,正在申报省级农业旅游示范项目,正在建设购物长廊、旅客接待中心、特色商业街、四星级酒店等乡村旅游配套项目,已发展农家乐3家,其中南坑"客家天地"被评为省级三星级农家乐,"柳岸人家"生态餐厅正在创建"海峡客家乡村旅游示范户"。

2011年8月开始动工的"水上乐园"是长汀县首家水上乐园,占地50亩,是一个集垂钓、餐饮、游览等功能为一体的生态休闲渔业示范基地,得到了省、市、县三级渔业主管部门的大力支持和指导。它的建成和投入使用,对于创新渔业发展观念,进一步推进长汀县渔业的发展,加快社会主义新农村建设步伐具有重要的现实意义。

2012年厦门联增置业有限公司已请美国的FL景观公司进行高层

次、高起点规划设计，该项目总投资3亿元，分两期实施。第一期项目含景区入口形象门、景观大道绿化、亮化工程、南溪水景走廊、客家文化广场、休闲渔业、野外素质拓展训练营、生态农业体验区及客家美食城、大型绿色停车场、四星级酒店、绿泉水库库区游乐场、游泳池等运动休闲配套设施项目，计划两年内投入使用，把南坑村打造成农、林、渔、茶、果生态旅游新景区。

通过引进厦门树王银杏有限公司，以"公司＋基地＋农户"的模式建成银杏生态园，种植银杏4300多亩、10万多株，努力打造成为4A级乡村旅游项目的旅游基地和水土流失治理典范；引进客家天地旅游公司投资开发南坑乡村旅游项目，总投资达5亿元，投入3000多万元，完成了南坑村的地形、地貌测量和规划设计，完成休闲渔业部分的景观设施建造，建成渔业文化馆、文化广场及演艺台，移植了一批名贵风景树，实施了书法培训基地、休闲渔业和水景走廊等项目的建设；引进长汀远山农业发展有限公司，流转耕地307亩，规模种植了大棚蔬菜、草莓等经济作物，发展花卉等观光农业。

2. 黄馆村汀州印象生态文化大观园项目

汀州印象生态文化大观园项目位于策武镇黄馆村，项目总投资2.3亿，规划建设面积900亩，共分六个子项目，即旅游娱乐区、水产养殖垂钓区、优质林果花卉区、高级生态林休闲区、特种动物养殖观赏区、现代农业区等项目，着力建设人文景观及生态种养基地，年接待观光能力4万～5万人次，建成龙岩市较大的生态农庄园旅游胜地。目前，项目已完成投资3500万元，完成了民俗餐厅、山庄门楼、观景台、垂钓区、休息亭、蓝莓、名贵树种种植等一批项目，正在实施土特产展示厅、百香果采摘园、民俗客栈、民俗唱将台、特种动物养殖观赏区等项目。

五、生态农业、生态工业和生态旅游业的发展打造典型生态文明模式

策武生态文明的发展历程经历了循环农业的发展到生态工业的提升再到生态旅游业的兴起。策武镇生态文化内涵总原则是以党的十八大、十八届二中全会、三中全会精神和习近平总书记关于长汀水土流失

治理工作重要批示精神,按照"生态美、百姓富"的要求,坚持"绿色经济·生态家园"的科学发展之路。策武镇因为距离县城近,是个典型的城郊乡。按照县委、县政府汀江生态走廊建设"策武段稀土工业与工贸发展区"的发展定位,围绕"策武建成工贸活跃、生态优美、民富镇强的美丽新城区"的总体目标,突出工业强镇建设,大力发展绿色经济,统筹推进生态家园建设。

策武镇弘扬生态文化主要以县城为依托,以当地政府对村民的言传身教为手段,以工业、农业和旅游业全面发展为目标。

策武镇下辖 14 个村,其中 10 个市级生态村,4 个省级生态村。通过生态村和社会主义新农村建设,村民切实感受到当地生态环境发生的变化。在策武,很多村的生态文化建设都是农业、旅游业或者说工业、旅游业的结合。比如在南坑,以银杏基地为依托发展的生态园区以及以万亩果场为主的生态园区对于当地的旅游业的发展都起到重要的作用。

在生态文明建设方面,策武镇不仅在宏观项目上有长远的规划,对于基础设施的建设也充分体现了生态文明建设的思想。在 2012 年策武镇一年就投入 150 万元,完成集镇汀江河畔 1.3 公里长的沿河路建设;投入 68 万元,实施完成集镇排水沟改造;实施绿泉水库封堵蓄水,完善农田水利基础设施;投入 185 万元,完成集镇西环路 2 公里路面改造并安装路灯;投入 150 万元,完善省道 205 线当坑、林田、策星拆迁安置地水、电、路等配套基础设施建设;投入 80 万元完善城关至策武南溪村、城关—集镇—当坑村的公交线路。

基础设施关系民生,保障人民基本生活的绿色化这是生态文明最基本的要求。农业、工业、旅游业的发展加上基础设施的建设共同缔造了策武生态文明的建设,也是策武生态文明建设的集中体现。

第三节 策武镇生态文明建设的经验

策武镇的水土流失治理和生态文明建设是长汀县生态文明建设的典型和缩影,通过对策武镇水土流失治理和生态文明建设的分析,我们总结了如下的经验:

一、真正做到"五位一体",以制度统领生态文明建设

生态文明建设是"五位一体"的重要内容,是构建社会主义和谐社会的重要组成部分。策武镇在发展过程中始终坚持保护环境,不管是在引进工业园区还是在种植业方面,其不变的宗旨是不能破坏环境。生态文明建设不但要做好其本身的生态建设、环境保护、资源节约等,更重要的是要放在突出地位,融入经济建设、政治建设、文化建设、社会建设各方面和全过程,这意味着生态文明建设既与经济建设、政治建设、文化建设、社会建设相并列从而形成五大建设,又要在经济建设、政治建设、文化建设、社会建设过程中融入生态文明理念、观点、方法。

制度好,社会的运行才能有序,在生态建设方面亦是如此。有了合理的制度,一方面能保障人民的生活水平另一方面能够保持青山绿水,人们都会自觉地在制度的环境中有序地生活。制度可以降低生态文明建设的成本,一套好的制度一定是考虑到方方面面的利益的,是能够平衡各方的,是从长远考虑的,能够应对风险,能够给人明确的方向的,能够以最低的成本达到人和人、人和社会、人和自然、自然和社会的和谐相处。因此,在生态文明建设过程中,以合理的制度统领生态文明建设,真正做到"五位一体",才能有效地保障生态文明建设顺利进行。

二、进则全胜,不进则退

邓小平同志曾经说过,要敢"破",也要敢"立"。就是说要有勇于破除陈旧习俗的勇气,更要有标新立异的胆识。中国现在面临全面的深化

改革,其中生态文明建设是重要的一环。中国经过改革开放后40多年经济的飞速发展,环境成本很大,目前环境资源的代价严重制约了中国经济社会的可持续发展。因此,强化生态意识,加强生态文明建设,对于那些生态环境本来就脆弱的地区来说,树立科学的发展目标、确立可持续的发展途径是至关重要的。实践证明,我们应该走生态经济的路线,要敢于前进,善于前进,要全面协调可持续发展。生态旅游业的发展顺应了科学发展的目标,也体现了科学发展的内涵。

生态文明建设是中国发展进程中必然的选择,在生态文明建设的过程中肯定会遇到很多新问题新困难,这个时候不应该胆怯,更应该根据实际情况,具体问题具体分析,集中全体人民的智慧去解决它,一步步向前迈进。

习近平总书记说过,进则全胜。我们要以这样的勇气和信心进行生态文明建设,要对当地的生态环境有全面细致地了解,走群众路线,因地制宜,全面推进各项事业的发展。

在生态文明建设的过程中,要有“进则全胜”的勇气,也要有“不进则退”的危机。生态文明建设是长期的历程,需要有持久的毅力和耐心。在生态文明建设的过程中会遇到来自各方面的困难,对待困难和挑战要有一种迎难而上的精神。生态文明建设犹如逆水行舟“不进则退”,只有奋勇前进才能在生态文明建设的历程中越走越远,不然就会功亏一篑,止步不前,全盘皆输。

三、以科学技术为支撑,以专业人才为后盾

科学技术是第一生产力,在全面建设生态文明的今天,科学技术依然发挥着至关重要的作用。生态环境的破坏源于粗放型的经济增长方式,只求速度不求质量。经济和环境的矛盾成为国家发展的主要矛盾,要解决这一对矛盾,根本还在于利用科学技术。其中最典型的就是依靠科技变废为宝,把原来经济增长中出现的垃圾变成再生产中的原材料或者辅助材料,或者提高资源的有效利用,减少废弃物的排放,这样就是在经济发展和环境保护之间找到平衡点和契合点,让经济发展支撑环境保护,以环境保护促进经济发展。

人才是最宝贵的可再生资源，人才的进入对于一个地区的经济发展有至关重要的作用，对于一个地区生态文明建设也具有至关重要的作用。生态文明建设包括了许多方面，比如说农业、工业、种植业、养殖业、渔业等。这些方面的专业人才对于一个地区生态文明的建设都是不可或缺的，他们能够以专业的眼光看待，能够采用科学有效的方式保障发展过程中不破坏环境甚至有利于环境改良。随着生态文明建设的全面兴起，专业型人才的需求量急剧增长，但是关键还在于各方面专业人才能够融会贯通，相互配合。农业、工业、种植业、养殖业这些方面的发展都是环环相扣，其排放的废弃物对环境的污染也是有关联的。如果能够把一方排放的废弃物变成另一方的有效资源，这对于全面发展是极为重要的，这也就要求各方人才、知识能够相互配合，共同合作，研发出更加有效的产品，制订出更加合理和稳妥的方案。

策武镇有两个典型人物，一个是万亩果场的创始人赖木生，一个是南坑银杏基地的负责人沈腾香。他们两个人都是农民，通过探索决定办果场和种植银杏。在跟他们的交谈过程中，我们发现两人在项目开始之初遇到的最大问题都是知识的缺乏。因为对于策武这样脆弱的生态环境，怎么种植并且保持树木的存活率是很不容易的事情，他们都觉得如果当初有专业人士的指导，那么项目开展得会更加顺利。随着生态建设的推进，策武镇越来越意识到科技和人才的重要性，政府不断地寻求同高校专业人才的合作。策武镇在生态文明发展的过程中不断地从外界引进人才，跟一些高校建立起了密切的合作关系，在策武镇建立高校的实验基地。通过同福建农林大学等高校的交流和商定，设立了不同类型的研究机构，加强水土保持技术开发方面的合作，也进一步推进了科技的应用和人才的支撑作用。

术业有专攻，每个行业都有一套知识体系和科学方法，只有有了这样的专业知识和科学方法的支撑，从事这项工作才更具有长远性。因此，策武镇生态文明的建设是与现代化、高科技接轨的，是走向未来不断发展的。

四、激发人民群众的热情和主体意识

不管在城镇还是农村，生态环境建设的主体始终都是人民群众。他们同自然环境、生态环境的接触是最直接的,因此自然环境的好坏、生态文明的建设直接同他们的生活息息相关。人民群众同时也是最了解自然,最熟悉自然的,他们在同自然打交道的过程中吸取了很多教训,也积攒了很多经验,这都是我们在生态文明建设中的宝贵财富。

人民群众的热情是无限的,要让他们意识到自己是生态文明建设的行为主体,要把人民群众的热情凝聚起来,让他们能够自主自觉地为生态文明建设建言献策。策武镇政府为人民群众广开言路,经常深入群众,了解基层民众的真实感触,从他们的感性直观和日常经验中总结规律。在生态文明建设开展的过程中要充分尊重这些规律也要充分利用这些规律。人民群众的主体意识的唤醒能够使全民凝结成一股绳,自动自觉地为生态文明建设出谋划策。

第四节　策武镇生态文明建设存在的困难和挑战

策武镇生态文明建设经历了几十年的发展历程,从农业到工业到旅游业的建设构建了策武具有特色的生态文明。在累积经验的同时,策武的生态文明建设依然不可避免地存在困难和挑战。这些困难和挑战随着经济的发展、人们生活方式的转变也有不同的变化,总的来说,目前策武镇生态文明建设主要存在以下五个方面的困难和挑战。

一、县镇统筹协调机制和信息互通能力不畅

策武镇是除了汀州镇和大同镇离长汀县城最近的一个乡镇,近几年策武镇一直朝着城郊乡镇发展。一方面,这样的发展趋势为策武镇带来了大量的发展机遇,例如,长汀的动车站就设置在策武镇境内,很多工业开始从县城的腾飞工业园区外迁到策武的稀土工业园区,给村民带来了更多的就业机会。另一方面,这样的发展定位使得策武镇越来越成为承接县城各项工业企业的“垃圾处理厂”。在工业企业外迁之后,污水处理、废弃物处理、环境破坏成为策武生态建设和水土流失治理的大敌。

因此，策武镇是否会发展成为长汀县的城郊镇？发展成为城郊镇之后策武应该怎么应对负面影响？这些都是对当地政府的严峻考验。

在同镇政府领导、当地村民访谈过程中，我们了解到一个普遍的反应就是县级政府和镇政府的权力同执行力问题。具体来说，虽然工业园区建在策武镇，工业企业驻扎策武，但是对工业企业的实际监管权力还在县政府手中。策武镇想通过这些企业增加本镇的收入很困难，也无法真正作用于这些工业垃圾的监管措施的制定上，没有管理权力只有执行力，镇政府更大程度上是执行县政府的决定。而县政府对策武当地的状况的了解显然没有镇政府了解得透彻，对当地村民的思想的把握也没有镇政府来得具体。因此，在这样的情况下，镇政府很多措施得不到上级支持，很多企业存在县政府管不到、镇政府管不着的想法，做出对策武生态环境有害的行为。

县政府和镇政府虽然在行政体制上属于上下级单位关系，但是在实际运行过程中，信息沟通应该进一步畅通，调查分析要关注企业落地的镇政府和村民权益，从而构建起较为协调的工作机制和更加和谐的村民和政府的关系。

二、生态产业成果惠及群众不够

在策武设立工业园区一方面是为了带动策武镇经济的发展，另一方面则是希望通过工业园区的建设和产业的植入真正做到强县富民。但在我们的访谈过程中，很多村民都反映他们对于工业园区其实有很多的不满：一是征地矛盾。村民们并不认为工业园区建设带来的利益值得让他们放弃自己的土地。二是工业园区废弃物的处理会破坏他们的生活环境。策武镇的生态建设和水土治理虽然有了不错的成效，但是这是需要长期的保持和大家齐心协力的保护的，很多村民不愿意看到本质脆弱的环境再遭破坏。

目前，就稀土工业园区而言，存在的最大的困境就是招商困难。在我们对稀土工业园区的考察中发现，进驻到工业园区的企业并不多，偌大的园区内企业寥寥无几。目前园区虽然已经铺上了污水处理管道，但是有没有真正投入使用还需要进一步地调查核实。稀土工业园区面临的困境也反映了村民并未真正从工业园区的建设中受惠。

在同村民的访谈过程中,我们了解到,村民对策武镇基础设施的建设抱有极大的期望。的确,在基础设施建立之初,村民对于政府这些惠民工程呼声很高。如今,很多村民觉得镇上有稀土工业园区,但是其所得收益没有弥补对村民造成的损失,在基础设施上也没有保持。很多基础设施遭到破坏没有及时得到维护,这样的情况之下,村民的基本利益没有得到充分的保障。

三、城镇化与特色农业的发展的关系

长汀县策武镇相对其他乡镇,生态旅游业的建设和发展在全县很有特色,发展迅速。其中,万亩果场、南坑银杏基地和黄馆生态文化大观园是其中的典型。这些项目得到了县政府的大力支持,获得了在外乡亲的资助且取得了不错的成效。

万亩果场的创始人赖木生80年代开始从事果树的种植,在种植过程中遇到了很多困难,比如说没有适合的土地、没有专业的知识做支撑,但是这些都在政府的支持和自己的努力下得到了解决。如今,万亩果场面临的最大困难就是征地导致种植面积大幅度缩减。策武镇的土质大部分都是红土,红壤贫瘠疏松,他就利用垃圾解土,把垃圾变肥料。同时利用有机肥改造土壤,充分利用养殖场的鸡粪猪粪来施肥。这才让废土之上遍布果树,但是由于工业园区的建设,政府开始大范围的征地,导致披上绿衣的山又变得满目疮痍。对此,政府没有应对措施,红壤的增加很有可能让策武镇生态建设的成就止步不前。

而南坑银杏基地是同本村在外优秀乡贤以及其建立的厦门树王有限公司共同创办的。在成立之初也克服了种种困难得到了全村人民的响应。现在的南坑村几乎家家都有自己的银杏种植区,而自己的田地也都承包出去,家庭收入基本上靠年轻人在外打工所得和家里的银杏种植的收入。但是近几年,银杏销量不景气,连树王公司都难以再次打开银杏的销售通道。在访谈过程中,很多村民都说山上的银杏都结果了但是没人来收,所以也没人有热情去采摘。但是他们又不愿意换成别的树种种植,因为他们认为再换一批树种政府不一定会支持,而且要付出很多成本和代价。对于这样的窘境，项目如何有效地持续运作需要进一步探讨。

对于策武镇来说，特色农业的发展一直是其生态文明建设的重点，但是，如今面对城镇化的发展，特色农业的发展遭受一定的冲击。怎么平衡城镇化的发展和特色农业的发展是关键的问题，两者的关系实质上就是经济发展和生态文明之间的关系问题。

四、村民的生态意识有待提高

在策武镇水土治理和生态文明建设的过程中，政府无疑是占主体地位的，但是村民是最大的主体群，是水土治理和生态文明建设的主力军。村民的积极性和主动性将影响策武镇水土治理和生态文明建设的成效。

村民目前的水土治理和生态文明建设的意识无疑比以往尤其是80年代以前增强了。在我们的访谈过程中，几乎80%的村民都知道生态文明建设，也参与了水土治理工作。在水土治理过程中，政府一个重要的举措就是引导村民使用电力，禁止他们上山乱砍滥伐，现在在村民普遍都已经消除了上山砍柴当成燃料的旧观念。表面上这样的局面是好的，但是政府主要是通过补贴村民的电费来推广的，在访谈过程中，很多村民的观念是“既然政府用电有补贴，一度电也用不了多少钱，上山砍柴还累”。表面上村民消除了上山砍柴的想法，但是实质上村民的出发点并不都是为了保护地表，防止水土流失。因此，这样的措施到底有没有从根本改变村民的思想还是一个很大的问题。

事实证明，在执行这个措施的过程中依然存在很多的问题。我们在对林田村、红江村的村民的访谈中了解到，近几年来政府经常拖欠甚至不发放村民的用电补贴，因此这几年开始又出现了少量的上山砍柴当燃料的现象。政府如何持续兑现自己的承诺，怎么从本质上引导村民真正树立起作为水土流失治理和生态文明建设主体的意识，这是我们必须解决的难题。

实践证明，这几年的治理过程中，村民的主体性意识还是相当薄弱的。一是政府没有真正地深入村民中，用他们能接受的方式让他们真正改变自己的想法。村民的文化素质比较低，政府应当用村民能够接受的语言去跟村民沟通,这也是基层工作的一个重要方面。只有让村民真正地理解了自己在生态文明建设中的位置和义务,只有让村民真正感受到生态文明建设是同自身生活息息相关的才能让他们真正肩负起这个责任。二是村民的旧思想老传统依然占据主导地位,并且村民的生活水平比较低,思想素质不高。因此,传统的观念、做法在他们心中依然占据主导地位,这样的传统要改变需要经过很长的时间,也需要政府不断地去引导他们走向现代化、走向科学化。目前村民的主体性意识不强,被动接受为主,依然是策武镇水土流失治理和生态文明建设的一个重要障碍。

五、联合治理的深度和广度有待加强

水土流失治理和生态文明建设是把人类社会、人的精神世界和自然世界和谐结合的重要体现。人类社会和自然世界本就是一体的,人类社会和自然世界各自内部又都是相通的,因此,水土流失治理和生态文明建设也不是一个集体或者一片地域单独的事情,是多个主体群和多个地域联合的工程。

在策武镇的水土治理和生态文明建设的过程中存在的一个严重的问题就是缺乏多方面的合作。村民和镇政府缺乏合作、村支部、镇政府和县政府缺乏合作、政府和企业缺乏合作。

村民和镇政府之间的沟通和联系依然不够密切。一是村民的主体性意识不强,小农意识还广泛存在;二是政府工作方法还有待进一步改善,没有切实地深入联系群众,广泛了解群众的想法和意见,很多村民反映政府很多政策他们都不了解,因为很多村民文化水平较低,而政府工作人员没有很好地向他们解释。这就会导致政府的很多措施无法真正地实施到位,政策好,执行不好,犹如纸上谈兵。

村支部、镇政府和县政府缺乏合作。在对林田村、红江村和南坑村的访谈过程中,只有南坑村同政府的联系比较密切,其他两个村都存在同政府联系脱节的现象。在这三个村中,南坑村是比较典型的富裕村,说明政府对于比较偏僻村落的关注度比较低。林田村和红江村的村支部工作人员都跟我们介绍了他们对本村生态文明建设的项目,但是由于政府不支持所以很多项目都得不到落实。而政府计划在本村上马的项目又得不到村支部和村民的支持。

政府和企业缺乏合作。这点主要表现在稀土工业园区的建设上。企业入驻工业园区，政府在地价和税收上给了企业一定的支持，但是企业在生态文明建设方面常常出现破坏的现象。政府和企业关系不密切，政府监管不到位，都是这些现象出现的原因。

第五节　策武镇生态文明建设的对策建议

策武镇是长汀县治理水土流失和建设生态文明持续时间最长的乡镇之一。在全镇14个村中，有4个省级生态文明示范村，其余10个都是市级生态文明示范村，说明策武镇的生态文明建设在这十几年中有了较大的成效。但是在目前生态文明建设和水土流失治理处于关键时刻之际，出现了很多令人担忧的问题。对此，综合策武镇的实际情况以及同各方的访谈情况，提出以下几点建议：

一、政府协调各方力量，共同参与生态文明建设

经济和环境的发展永远是人类世界的一大矛盾，协调好矛盾之间的关系，就能促使两者和谐共进发展。策武镇在发展经济的同时更要注重生态环境的治理，在治理的同时也要注重村民的经济发展。南坑村的银杏基地应大力发展生态旅游业，建设农家乐等配套产业，带来游客，使当地村民能够发家致富。果林方面应该统一规划种植，形成足够大的规模，以此来吸引相应的水果加工企业，保证水果的销路和价格。稀土工业园征走万亩果场的大块土地，相应的植被覆盖率就会下降。政府自己在完善周边绿化的同时也要督促好企业做好园区内的绿化。

不管是在生态文明建设方面还是在经济发展方面，政府都是占主导地位的。因此，协调好各方关系，调动各方面的积极性是政府工作的关键。对于村民，政府应该做到政务公开，信息透明。很多村民根本不了解政府的政策为什么要这么做。政府虽然把文件都公示出来，但是由于

村民文化水平有限,很多还是不能明白政府措施的意义,只当作是命令或者指令,这样实施的效果也不会达到预期。只有让村民真正明白措施出台的意义才能让他们自觉地实施,才能到达效果。

对于企业,政府应该通过协商的方式让他们在获得收益的同时对当地的生态文明建设和水土流失治理负责。对工业的发展,政府一定要有底线意识和底线要求,有些对生态环境有重大危害的项目一定不允许上马,对破坏环境的企业要坚决处罚。工业是生态文明建设和自然环境的天敌,一旦这两者的关系处理不好,双方都会受到重大的打击,对于全镇都是重大的损害。所以要平衡一定要把握好平衡点,经济的发展既不能太快,也不能止步不前,经济的发展和环境的保护要结合起来。

对于政府自身来说,一在指定政策方面要结合实际,考虑各方面的因素,平衡各方的利益关系。策武镇政府应该加强对本镇事务的主导作用,对于本镇的生态文明建设各方关系应该有全面的把握。二要平衡各方利益,既要保障企业的利益更要保障村民的利益。对于稀土工业园区伤害到村民权益的部分应该进行合理赔偿,对于用电补贴还应该持续合理的拨发。

二、以生态旅游为主,工业为辅,让生态成果更好惠及民众

策武镇的总体情况主要为地理位置特殊、生态环境脆弱。综合考虑这两点因素,从长远来看,策武镇发展还应该以生态旅游为主,以工业为辅。原因有三:

首先,策武镇的生态环境脆弱。这个自然环境的基础决定了策武镇不能够成为工业重镇,即使发展工业也只能是轻工业,策武镇的生态环境承受不了工业及工业所带来的负效应的侵害。策武镇的土壤是贫瘠的红土,养分少且易流失;策武镇的地形又是以丘陵为主的,气候是亚热带季风性气候,雨季长、雨量大,这样的自然条件使得策武必定成为一个水土流失比较严重的地区。因此在这样脆弱的环境之下只能更加注重保护环境而尽量避免工业的扩张性发展。

其次,策武镇不具备良好的发展工业的条件。策武镇没有丰富的能

源，是其无法发展工业的原因之一。策武镇现今能探测到的只有稀土，但是稀土的开采成本高且能用量少，而且对环境的危害是极大的。策武镇如果开采稀土，给环境带来的危害是经济效益所无法弥补的。因此，策武镇开发重工业将会得不偿失。

第三，策武镇有发展旅游业的天然条件。策武镇靠近县城又较少工业，控制质量好，汀江顺流而下，给策武镇发展旅游业带来得天独厚的优势。万亩果场、银杏基地都可以成为生态旅游的发展平台。旅游业的发展，一是可以给村民带来致富渠道，带动周边配套服务行业的兴起，比如旅馆、餐馆等。二是旅游业发展前景好，旅游业需要的成本低，而且可持续时间长。

策武镇经济的发展需要工业，但是工业不能成为策武镇经济发展的重要甚至唯一支柱。从长远来看，从经济和生态建设平衡的角度来看，策武镇应该着力发展旅游业，促进工业的辅助作用。

三、深入落实群众路线，协调城镇化发展和特色农业的发展

生态文明建设是平衡自然和人类社会之间关系的，自然世界是瞬息万变的，人类社会尤其是经济产业更是瞬息万变。建立在这两者之上的生态文明应该具备应对各种挑战的能力，这就要求主导者有长远的目光和应急的能力。

针对目前许多特色农业项目面临的困难，我们建议，在特色产品项目推行之前，政府应该深入群众，实际走访，了解民众的想法，考虑村民的承受力，预估项目的利益和风险，政府应避免盲目规划，行政命令式的项目推进。人民群众是历史的主体，是历史的创造者，人民群众的利益才是一个社会、一个国家最大的利益。作为人民政府，凡事都应该以老百姓的福祉为首，统筹全局。

策武镇目前承接长汀县的工业园区，工业企业入住园区后，整个的工业化进程会迅速推进。工业化、城镇化与特色农业发展的矛盾与日加剧，如何处理和协调好两者的关系是策武镇面临的一个艰巨挑战。为此，我们建议应深入分析策武的城镇化道路建设规划方案。应集中民众

意见和智慧,就如何持续发展特色农业、如何就地城镇化等课题进行研究,避免城镇化冲击特色农业,也防止用特色农业的发展阻碍城镇化进程。

四、引进专门人才,引导村民自觉用科学技术参与生态文明建设

策武镇如今是长汀发展的重镇,从乡镇府的组成人员来看,已经呈现出年轻化的趋势。这几年通过选调生的甄选,还有"三支一扶"、大学生村官等各类选拔,政府引进了一拨接受过高等教育的年轻人。镇政府从领导层面年龄不断年轻化、管理不断科学化,整个策武呈现欣欣向荣的局面,但是仔细分析目前的干部队伍,我们也发现策武镇的管理队伍中急需要引进专业化程度较高的青年人才。

镇政府应该加大对专门人才的引进,可以通过各种奖励政策或者宣传途径来吸引工业、农业、旅游业、环境治理方面的专业人才。在经济高速发展、环境面临严峻挑战的关键时期,科学技术依然是第一生产力,以科技平衡经济发展和生态治理之间的关系依然是重要的途径。在我们同万亩果场的负责人赖木生以及银杏种植基地也是南坑村支部书记沈腾香的访谈中,他们不约而同地谈到人才的重要性。在他们创业之初,面对满目疮痍的荒山,他们毫无头绪,后来通过阅读专业的书籍,到专业的学校去进修培训才带回来一手好本领。他们认为策武镇的生态治理要想更上一层楼,最重要的还是要加强人才引进。如果有专业技术作支撑,有专门人才作后盾,在治理过程中遇到的难题很多都会迎刃而解。

再者,不管是工业、农业还是种植业,都需要现代科技的支撑,需要科技人才引进,才能把策武镇原始的发展模式引上现代化的生产之路。比如,在农业方面,如果村民掌握了把废弃的桔梗转换为肥料的技术,那这一块的农业垃圾问题就顺利解决了。在种植业、养殖业方面也是如此,政府引进技术帮助村民提高生产效率的同时也引导村民利用高科技保护自然环境,专业化的高科技人才队伍将是策武经济社会发展的中坚力量。

五、增强环保基础设施的维护，加强各地合作的广度和深度

水土流失治理和生态文明建设既是宏观问题，也是微观问题，既可以对某个个体产生影响，也能对全镇的发展产生影响。生态文明建设不仅要从宏观上考虑对全镇发展的影响，更要从微观小事入手，从村民的日常生活入手。

我们在同分管环境的副镇长访谈中了解到，对于策武镇以及其所囊括的各个村而言，这十几年的时间里生活环境总体上得到了一定程度改善。生活垃圾每天都有专车进行运送，同时镇政府也聘请了当地的一些村民作为保洁员，及时打扫和清理生活垃圾。走在镇上或者村子里的路上，很少会看到垃圾成堆的景象，也不会闻到原来农村会散发出的异味。但是这些小事看似简单，要维持比较困难。因为村民的环保意识还比较薄弱，转变观念需要比十几年更长的时间。再者，政府的监管在一定程度上不够严密。比如，策武镇大道的排水问题，下大雨的时候道路就变成小河，让居民生活十分不便。

对于这些普遍性存在的问题，各地域应该加强合作，对基础设施建立有效的监督机制。各主体加强联系和信息的流通，各地域之间加强经验的交流和互相的监督。对于一些跨地域的生态建设项目更要加强地域之间的全面合作，项目建成之后也要动员各主体积极参与到维护中来，这样才能不断巩固生态建设的成果，真正做到可持续发展。

结语

调查小组走访了策武镇三个村,采访了镇领导、三个村的村支部书记以及五个村的村民还有两个典型人物。在相关的访谈中,我们不断地了解策武镇近40年来生态发展的变化。从最初的贫困乡镇、生态脆弱乡镇变成现在拥有14个市级以上生态文明建设村的乡镇,我们感动于策武人民的勤劳勇敢,我们感动于策武人民的艰辛付出。

通过对策武镇的调查,我们深有感触。对于一个区域的生态环境治理来说,是要凝聚工业、农业和旅游业的力量,需要各方面齐头并进,需要工业反哺。对于生态文明建设来说,需要的是人们思想觉悟的提高,只有心中有了生态文明建设这个理念,真正理解这个生态文明建设的意义才能够真正自觉地保护自然环境、维护生态文明的建设。当然,尊重自然、尊重规律对于生态文明建设来说是不能丢掉的原则。物质决定意识,社会存在决定社会意识,这是人类世界发展的客观规律,只有遵循这个规律,才能真正做到人与自然的和谐共处,才能做到真正的生态文明建设。

策武镇的生态文明建设在取得一定成果的基础上也还存在很多问题,希望政府能够更加全面地了解基层民众的心声。没有调查就没有发言权,调查是政府和百姓沟通的方式之一,政府只有先调查了解了民众的需求才能满足民众的需求。并且通过不断地切实有效的沟通,我们相信在政府和村民的合力之下,策武的生态文明一定会迈向更美好的未来!

参考文献

[1]马克思、恩格斯:《马克思恩格斯文集》第 1 卷,人民出版社 2009 年版。

[2]马克思、恩格斯:《马克思恩格斯文集》第 4 卷,人民出版社 2009 年版。

[3]马克思、恩格斯:《马克思恩格斯文集》第 9 卷,人民出版社 2009 年版。

[4]马克思:《资本论》第 3 卷,人民出版社 2004 年版。

[5]毛泽东:《毛泽东文集》第 8 卷,人民出版社 1999 年版。

[6]周恩来:《周恩来选集》,人民出版社 1984 年版。

[7]邓小平:《邓小平文选》第 2 卷,人民出版社 1994 年版。

[8]习近平:《习近平谈治国理政》,外文出版社 2014 年版。

[9]习近平:《携手共建生态良好的地球美好家园》,《人民日报》2015 年 5 月 6 日第 1 版。

[10]Weak, Albert. *The New Polities of Pollution*, Manchester: Manchester University Press, 1992.

[11]成长春、徐海红:《中国生态发展道路及其世界意义》,《江苏社会科学》2013 年第 3 期。

[12]黄娟:《经济新常态下中国生态文明发展道路的思考》,《创新》2016 年第 1 期。

[13]徐海红:《中国生态发展道路的实现路径》,《盐城师范学院学报》(人文社会科学版)2014 年第 5 期。

[14]叶海涛、田挺:《绿色发展理念的生态马克思主义解析》,《思想理论研究》2016 年第 6 期。

[15]刘思华:《中国特色社会主义生态文明发展道路初探》,《马克思主义研究》2009 年第 5 期。

[16]邹冠秀、王连芳:《科学发展观视域下绿色发展理念的先进性探析》,《太原师范学院学报》(社会科学版)2012 年第 1 期。

[17]张文斌、颜毓洁:《从“美丽中国”的视角论生态文明建设的意义和策略——从党的十八大报告谈起》,《生态经济》2013 年第 4 期。

[18]王雨辰:《西方生态学马克思主义生态文明理论的三个维度及其意义》,《淮海工学院学报》(社会科学版) 2008 年第 4 期。

[19]宋林飞:《生态文明理论与实践》,《南京社会科学》2007 年第 12 期。

[20]王维明、陈明华等:《长汀县水土流失动态变化及防治对策研究》,《水土保持通报》2005 年第 4 期。

[21]郑永平、张若男等:《生态文明建设视角下长汀县城镇化发展研究》,《福建农林大学学报》2013 年第 2 期。

[22]陈信旺:《长汀县湿地生态园植物选择与设计》,《林业勘察设计》 2013 年第 2 期。

[23]《福建长汀:持续推进水土流失治理 从治荒到绣绿》,http://m.fznews.com.cn/dsxw/20190325/5c981e8e400ad.shtml,访问日期:2019 年 10 月 20 日。

[24]长汀县委、县政府:《长汀县创建国家水土保持生态文明县工作汇报》。

[25]长汀县水保局:《长汀县水土保持生态文明建设总结报告》。

[26]长汀县人民政府:《长汀生态县建设规划纲要(2011—2020)》,2011 年 12 月。

[27]长汀县人民政府:《长汀县生态县建设实施方案》,2012 年 2 月。

[28]长汀县林业局:《长汀县林业开展水土流失治理和生态文明建设工作情况汇报》,2014 年 6 月 18 日。

[29]长汀县农业局:《长汀县 2013 年农村推广清洁能源的总结》,2013 年 12 月 28 日。

[30]长汀县农业综合开发办公室:《长汀县农业综合开发十二五规划》,2010年12月。

[31]福建省科学技术咨询服务中心:《长汀县水土流失综合治理项目终期(2000—2009年)评估报告》,2010年4月。

致　谢

汀水漪漪，鹭江滔滔；两地情谊，悠远绵长。

自2014年始，我们开始关注长汀的生态文明建设，经过前后四年的调查，《绿梦成真：中国特色社会主义生态文明建设之长汀模式》终于定稿。回想过往的调查和研究过程，我们遇到了许多的困难，但在厦门大学校领导的亲切关怀下、在各位老师和学生的积极参与下、在当地政府的大力支持下、在访谈对象的积极配合下，我们顺利完成了调研并写成了本书。

在成书之际，要感谢所有帮助过我们的人们。首先，我们要感谢厦门大学校领导的亲切关怀，2014年杨振斌书记在百忙之中抽空来到林间山头，顶着炎炎烈日看望正在调研的实践队员，与各乡镇调研的同学座谈交流，了解我们的实践收获，叮嘱我们注意安全。这份关心好似一阵微风，在酷暑难耐的实践过程中给我们带来了一丝清凉，使我们更有动力完成调研任务。2015年，林东伟副书记也是在炎热的暑期来到长汀，到达三洲镇与调研队伍悉心长谈，杨梅地埂旁，农产品加工区，有他对我们的谆谆教导和热切期望。他告诉我们，调研贵在坚持，做个几年跟踪，我们的成果会大不一样。

其次，我们要感谢厦门大学党委党校、校团委、马克思主义学院等各部门老师的悉心指导，感谢厦门大学党委党校原常务副校长苏劲、王坤钟老师、胡雯老师，感谢马克思主义学院原院长白锡能、厦门大学团委原副书记葛郝锐等领导和老师，联系接洽当地政府,带我们实地考察调研地点、亲力亲为联系当地部门,保证调研顺利开展并保障实践队的衣食住行;感谢杨晨老师、蒋昭阳老师、袁华老师、傅丽芬老师、李欣老师在实践过程中为带领小分队深入调查,并按提纲完成调研任务,他们为同学们答疑解惑、在后期写作中帮写作组开阔视野;感谢戴蓥老师、林明华老师、郭志福老师、陈智博老师、廖炜老师在县城、河田镇、三洲镇、策武镇和我们一起参与走访,为我们提供后勤保障。

再次,我们要感谢长汀县委县政府的大力支持,包括县委办、县府办、河田镇政府、三洲镇政府、策武镇政府、宣传部、团县委、农业局、环保局、水保局、旅游局、林业局、教育局、人力资源与社会保障局、财政局、科技局、文明办、老区和扶贫办、农业开发办、信用联社、腾飞工业开发区管委会、晋江(长汀)工业园区管委会、稀土工业园区管委会、生态教育实践基地、庵杰乡政府等部门。特别要感谢三洲镇的干部和群众,2015—2016年的调研主要在三洲镇开展,在此期间,三洲镇人民政府及其所属8个村的干部全力支持和配合,为我们调研组积极联系和安排访谈对象。应该说没有长汀县各部门和各乡镇领导的鼎力支持,这次调研不可能顺利完成,我们也不可能得到如此详尽的资料。

我们还要感谢所有采访对象,包括生态文明建设典型人物——陈慕龙、赖金养、范小明、戴华腾、李木洪、兰金林、赖木生、沈腾香、黄金养、俞水火生,生态文明建设典型企业——盼盼集团、金龙稀土、荣耀集团、海华纺织、安踏集团、南祥针织厂、长城鞋业有限公司、福建森辉农牧发展有限公司、露湖鲜切花基地、露湖千亩板栗园,生态文明建设典型村——下街村、林田村、红江村和南坑村。特别要感谢县府办的许建萍、林张娟、丘观盛,三洲镇的镇长汤钦洪,策武镇的副镇长廖洪海、原副镇长上官意林等工作人员,他们不厌其烦地为我们联系企业、村民,甚至亲自用自己的车送我们下乡,为整个调研提供了极大的便利。

在三洲镇的调研中,我们还要感谢所有采访对象,主要是生态文明建设典型村的书记和主任:三洲村的书记戴芳文、主任黄永荣,桐坝村的原书记李以旭、原主任李兆钦,丘坊村的书记邱五星、主任俞天水,小溪头村的原书记戴腾金、原主任温金腾,兰坊村的原书记李华明、原主任肖德光,戴坊村的原书记戴海平,曾坊村的书记戴成镐、原主任戴镇华,小潭村的书记张永升、原主任张皓翔。特别要感谢三洲镇的汤钦洪镇长和办公室原主任曹添海,是他们热情地提供详细的信息和资料,并且积极地沟通,也牺牲了许多休息的时间带我们下村,才使调研顺利完成。

最后,特别要感谢与我一起参与写作的同学,他们是邵红伟(第二部分)、黄玉莹、牛国慧(第三部分第一章、第二章)、张晓(第三部分第三章),另外,李荟、贾飒、张满、许莲虹、高沁薇、苏洁、周嘉悦、张诚、杜辉等同学也参加了最后文稿整理工作,也要感谢参与本次调研的近100名同学们,他们为本书提供了大量的原始素材。感谢厦门大学马克思主义学院的领导和同事对我们专题研究与实践调查的大力支持。学院的董兴艳老师、党委党校王坤钟老师、复旦大学贺东航等老师,他们在本书编著出版的过程中给予了很好的建议。厦门大学出版社对本书的出版提供了大力的支持,在此一并表示感谢。所有人的辛勤付出换来了这份丰硕的果实,相信其中的甘甜足以细细回味、品评。